新编畜禽饲养员培训教程系列丛书

新编蛋鸭饲养员培训教程

◎ 于然霞 主编

U0306876

中国农业科学技术出版社

图书在版编目（CIP）数据

新编蛋鸭饲养员培训教程 / 于然霞主编 . — 北京：
中国农业科学技术出版社，2017.9
ISBN 978-7-5116-3074-2

Ⅰ.①新… Ⅱ.①于… Ⅲ.①蛋鸭—饲养管理—技术
培训—教材 Ⅳ.① S834

中国版本图书馆 CIP 数据核字（2017）第 210450 号

责任编辑　张国锋
责任校对　贾海霞

出　版　者　中国农业科学技术出版社
　　　　　　北京市中关村南大街 12 号　邮编：100081
电　　　话　（010）82106636（编辑室）（010）82109702（发行部）
　　　　　　（010）82109709（读者服务部）
传　　　真　（010）82106631
网　　　址　http://www.castp.cn
经　销　者　各地新华书店
印　刷　者　北京富泰印刷有限责任公司
开　　　本　880mm×1 230mm　1/32
印　　　张　5
字　　　数　148 千字
版　　　次　2017 年 9 月第 1 版　2017 年 9 月第 1 次印刷
定　　　价　22.00 元

编写人员名单

主 编	于然霞
副 主 编	李连任 武传芝
编写人员	于然霞 于艳霞 闫益波 庄桂玉
	李连任 李 童 李长强 侯和菊
	武传芝 朱 琳

前言

进入 21 世纪，畜禽养殖业集约化程度越来越高，设施越来越先进，饲料营养水平越来越科学。通过多年不断从国外引进种畜禽良种和选育、扩繁、推广，我国主要种畜禽遗传性能得到显著改善。但是，由饲养管理和疫病问题导致优良畜禽良种生产潜力得不到充分发挥，养殖效益滑坡甚至亏损的情形时有发生。因此，对处在生产一线的饲养员的要求越来越高。

但是，一般的畜禽场，即使是比较先进的大型养殖场，因为防疫等方面的需要，多处在比较偏僻的地段，交通不太方便，对饲养员的外出也有一定限制，生活枯燥、寂寞；加上饲养员工作环境相对比较脏，劳动强度大，年轻人、高学历的人不太愿意从事这个行业，因此从事畜禽饲养工作的以中年人居多，且流动性大，专业素质相对较低。因此，从实用性和可操作性出发，用通俗的语言，编写一本技术先进实用、操作简单可行，适合基层饲养员学习的教材，是畜禽养殖从业者的共同心声。

正是基于这种考虑，我们组织了农科院专家学者、职业院校教授和常年工作在畜禽生产一线的技术服务人员，从各种畜禽饲养员的岗位职责和素质要求入手，就品种与繁殖利用、饲料与营养、饲养管理、疾病综合防制措施等内容，介绍了现代畜禽生产过程中的新理念、新技术、新方法。每个章节都给读者设计了知识目标和技能要求；在为培训人员设置的技能训练项目中，提出了具体的目的要求、训练条件、操作方法和考核标准；为饲养员设计了思考与练习题目，方便培训时使用。

本书可作为基层养殖场培训饲养员的专用教材或中小型养殖场、各类养殖专业合作社工作人员及农村养殖专业户自学使用，亦可供农业大中专院校相关专业师生阅读参考。

由于作者水平有限，书中难免存在纰缪。对书中不妥、错误之处，恳请广大读者不吝指正。

编　者

2017 年 5 月

目　录

第一章　蛋鸭饲养员须知

知识目标

　　1.了解我国几个著名的优良蛋鸭品种，能识别高产蛋鸭的基本体貌特征。

　　2.熟悉蛋鸭品种选择与引进的原则。

　　3.掌握蛋鸭的生活习性。

技能要求

　　学会蛋鸭品种的识别。

第一节　蛋鸭饲养员的职责与素质要求

一、蛋鸭饲养员的岗位职责

　　蛋鸭饲养员可以细分为雏鸭、青年鸭、产蛋鸭等不同的岗位，每个岗位的职责大体如下。

　　① 每天认真扎实地做好自己所饲养的鸭群（雏鸭、青年鸭、产蛋鸭等）的各项日常管理工作。

1

② 日常管理工作的基本内容包括喂料（雏鸭为撒料）、喂水、驱赶鸭群运动、捡蛋，做好日常各项生产或防疫记录（包括接养记录、死亡记录、免疫记录、产蛋记录、喂料量记录以及淘汰和转群记录等）。

③ 每天认真仔细地观察所饲养鸭群的健康状况，发现鸭群有不正常情况或不健康的苗头，要及时向有关人员如实汇报，并在技术管理人员的指导下，及时采取有效措施应对。

④ 在鸭场技术管理人员的指导下，实施正确的喂料量和喂料方法。比如，雏鸭要求每昼夜撒料6次，每4小时撒料1次；青年鸭要求执行限制饲喂，喂料量要准确均匀，并且每2周抽样称重1次；产蛋鸭要依据开产日龄及产蛋量升降变化等情况，及时调整喂料量，夏季食盆中不能剩料，剩料容易变质，冬季食盆吃空就要添料。

⑤ 在技术管理人员的指导下，严格按照技术要求在饲料或饮水中投入预防或保健类药品，以确保鸭群健康。主要在育雏期或气温突变时给鸭群投药。

⑥ 严格按照免疫操作技术规范，做好鸭群的免疫接种工作。

⑦ 产蛋鸭在开产初期要训练鸭群在产蛋窝定点产蛋，进入产蛋期要依照鸭群已形成的生活规律，严格定时执行各项日常操作内容，捡蛋、运动、下水、休息、喂料等各项操作内容不可随意更改。

⑧ 及时观察到并清理出病鸭或弱体质鸭，报告技术人员后，或淘汰，或单独隔离饲养，育雏期尤为重要。

⑨ 气温突变时及时采取相应的防御措施。如寒流突袭时要及时给鸭群防风保温保暖，气温陡升或暴热时，要及时给鸭舍通风换气和降温，保证鸭群不受寒不受热。

⑩ 饲料的饲喂必须按要求定时定点定量添加，不可随意更改；如果是粉料，还必须按要求加水调制到规定的湿度，既保证鸭群需要，又防止剩余造成饲料腐败变质浪费。料盆不允许长期存料。

⑪ 按照要求及时清理鸭舍和运动场上的鸭粪，保证鸭群有干净的活动场地和干燥舒适的睡眠、产蛋环境。

⑫ 自觉执行蛋鸭场的各项规章制度，包括消毒防疫制度、日常卫生管理制度、疾病防治制度、用药管理制度、饲养管理制度等。

⑬完成场长安排的临时性工作，如转群、卖鸭、卖鸭蛋、免疫等。

⑭各棚舍饲养员要严格遵守以上要求，努力做好责任范围内的各项工作。如果违反以上操作，将视情节轻重分别给予批评和警告处分；已造成经济损失的，依据情节轻重和损失大小，赔偿损失财产额度的10%~50%。情节特别严重，或故意破坏生产或设备，要解除劳动合同直至追究法律责任。

二、蛋鸭饲养员的素质要求

1.思想素质要求

如果选择蛋鸭饲养员这一职业，就要做好充分的思想准备，不怕苦，不怕累，不怕脏，不怕臭。做到"干一行，爱一行，专一行"。必须认真学习，牢牢掌握蛋鸭育雏、育成、产蛋期饲养管理的各项基本知识，并经过实习，方可独立上岗。在饲养岗位操作过程中，要随时向技术人员或老职工请教工作中不明白的问题，积累并运用相关科技知识。在工作中，能吃苦，耐得住寂寞，积极主动、保质保量地完成自己负责的各项工作任务，不拖泥带水，不懒散浪费。

2.业务素质要求

要有刻苦钻研、虚心好学的精神，不断地通过教科书、专业杂志、网络、同行中的佼佼者等渠道，理论联系实际，根据本场实际情况，积极主动地学习蛋鸭饲养的技术知识，不断解决生产实践中出现的问题，丰富和完善自己的工作经验，为快速成为一个工作态度端正、作风扎实、业务熟练的优秀蛋鸭饲养员，能独当一面，出色完成蛋鸭场的各项饲养工作任务。

第二节　蛋鸭的常见品种

一、绍兴鸭

1.产地及分布

绍兴鸭又称绍兴麻鸭、浙江麻鸭、山种鸭，因原产地位于浙江旧绍兴府所辖的绍兴、萧山、诸暨等县而得名，是我国优良的高产蛋鸭品种。浙江省、上海市郊区及江苏的太湖地区为主要产区。目前，江西、福建、湖南、广东、黑龙江等10余个省均有分布。

2. 体型外貌

绍兴鸭根据毛色可分为红毛绿翼梢鸭和带圈白翼梢鸭两个类型。带圈白翼梢公鸭全身羽毛深褐色，头和颈上部羽毛墨绿色，有光泽。母鸭全身以浅褐色麻雀羽为基色，颈中间有2~4厘米宽的白色羽圈。主翼羽白色，腹部中下部羽毛白色。虹彩灰蓝色，喙豆黑色，胫、蹼橘红色，爪白色，皮肤黄色。红毛绿翼梢公鸭全身羽毛以深褐色为主，头至颈部羽毛均呈墨绿色，有光泽。镜羽亦呈墨绿色，尾部性羽墨绿色，喙、胫、蹼均为橘红色。母鸭全身以深褐色为主。颈部无白圈，颈上部褐色，无麻点。镜羽墨绿色，有光泽。腹部褐麻，无白色。虹彩褐色。喙灰黄色或豆黑色。蹼橘黄色。爪黑色，皮肤黄色，见图1-1。

白颈绍兴鸭　　白羽绍兴鸭　　绿翅绍兴鸭

图1-1　3种体型外貌绍兴鸭（雄）

3. 主要特性

产肉性能：体型小，成年体重1.5千克。红毛绿翼梢公鸭成年体重1.3千克，母鸭1.25千克；带圈白翼梢公鸭成年体重1.40千克，母鸭1.30千克。成年鸭屠宰率：半净膛，公82.6%，母84.8%；全净膛，公74.6%，母74.0%。

产蛋性能：红毛绿翼梢母鸭年产蛋为260~300枚，300日龄蛋重70克；带圈白翼梢母鸭年产蛋250~290枚，蛋壳为玉白色，少数为白色或青绿色。

繁殖性能：母鸭开产日龄为100~120天，公鸭性成熟日龄为110天左右。公母配比，早春1∶20，夏秋1∶（25~33），种蛋受精率90%以上。

二、金定鸭

1. 产地及分布

金定鸭属麻鸭的一种，又称绿头鸭、华南鸭，属蛋鸭品种，是福建传统家禽良种。该品种主产于福建省龙海市紫泥镇金定村，金定鸭因此得名。目前，正宗的金定鸭已经很少，厦门市郊区、龙海、国安、南安、晋江、惠安、漳州、漳浦、云霄和诏安等县（市）均有分布。金定鸭既适于放牧饲养，也适于圈养舍饲。与其他蛋鸭相比，蛋品质好；耐寒性尤为突出，能适应我国北方的气候特点。

2. 体型外貌

金定鸭羽毛紧密迭实，富有光泽，防湿性强。母鸭身体窄长，结构紧凑，脚蹼橙红色，嘴甲和爪为黑色。羽毛赤麻色，似麻雀羽色；羽缘棕黄色，羽中部为长椭圆形黑褐色釉斑。背面黑褐色釉斑自躯体前部至后部逐渐扩大，颜色逐渐加深；腹面体羽的黑褐色部分较少，色亦较浅；颈部、喉部羽毛纤细，无黑褐色斑块；头顶部、眼前部羽毛有明显的黑褐斑块。公鸭头大颈粗，身体略呈长方形，嘴黄绿色，嘴甲、爪为黑色，蹼橙红色。头、颈上部羽毛为深孔雀绿色，具金属光泽，酷似野生绿头鸭，但无明显白颈环。后腰的背部及尾上、下部

图1-2　金定鸭（左雌、右雄）

的伏羽深黑色，具有金属光泽。性卷羽4根，黑色。公、母鸭副翼羽均有紫蓝色的羽镜。雏鸭的绒毛为黑橄榄色（图1–2）。金定鸭的尾脂腺发达，占体重的0.20%。

3. 主要特性

产肉性能：该鸭前期长势较后期稍快。据测定，空嗉雏鸭平均初生重47克，30日龄增重12倍，60日龄增重22倍，90日龄增重31倍，达1.464千克，全期平均日增重15.6克。公、母鸭差异不显著。成年公鸭平均体重1.73千克，体斜长21.54厘米；成年母鸭体重1.76千克，体斜长21.11厘米。成年鸭半净膛率79.0%，全净膛率为72.0%。

产蛋性能：年产蛋量240~260个。产蛋期料蛋比（从产蛋率5%计）为3.4：1。经选育的高产鸭在舍饲条件下，年平均产蛋量可达300个以上，蛋重73克左右，经选育的品系，蛋重72克，青壳蛋占95%左右，是我国麻鸭品种产青壳最多的品种。

繁殖性能：母鸭开产日龄110~120天，母鸭性成熟日龄100天左右。公母配种比例1：25，受精率90%左右，受精蛋孵化率85%~92%。育雏成活率98%，育成成活率99%，雏鸭期耗料比1.9：1。利用年限，公鸭1年，母鸭2~3年。

三、攸县麻鸭

1. 产地及分布

攸县麻鸭产于湖南省攸县境内的米水和沙河流域一带，以网岭、鸭塘浦、丫江桥、大同桥、新市、高和、石羊塘等地为中心产区，曾远销广东、贵州、湖北、江西等省。攸县麻鸭是湖南著名的蛋鸭型地方品种。攸县麻鸭具有体型小、生长快、成熟早、产蛋多的优点，是一个适应于稻田放牧饲养的蛋鸭品种。

2. 体型外貌

公鸭的头部和颈上部羽毛墨绿色，有光泽，颈中部有宽1厘米左右的白色羽圈，颈下部和胸部的羽毛红褐色，腹部灰褐色，尾羽墨绿色；喙青绿色，虹彩黄褐色，胫、蹼橘黄色，爪黑色。母鸭全身羽毛披褐色带黑斑的麻雀羽，群中深麻羽色者占70%，浅麻羽色者占

30%。喙黄褐色，胫、蹼橘黄色，爪黑色（图1-3）。

图1-3 攸县麻鸭（左雌、右雄）

3. 主要特性

产肉性能：攸县麻鸭成年体重 1.2~1.3 千克，公母相似。在放牧和适当补料的饲养条件下，60 日龄时每千克增重耗料约 2 千克；每千克蛋耗料 2.3 千克，每只产蛋鸭全年需补料 25 千克左右。90 日龄公鸭半净膛为 84.85%，全净膛为 70.66%；85 日龄母鸭半净膛为 82.8%，全净膛为 71.6%。

产蛋性能：在大群放牧饲养的条件下，年产蛋量为 200 个左右，平均蛋重为 62 克，年产蛋重为 10~12 千克；在较好的饲养条件下，年产蛋量可达 230~250 个，总蛋重为 14~15 千克。每年 3—5 月份为产蛋盛期，占全年产蛋量的 51.5%；秋季为产蛋次盛期，占全年产蛋量的 22%，白壳蛋占 90%，青壳蛋占 10%。

繁殖性能：性成熟较早，母鸭开产日龄为 100~130 天，公鸭性成熟为 100 天左右。公母配种比例为 1：25，种蛋受精率为 90%~94%，受精蛋的孵化率为 82.66%。

四、荆江麻鸭

1. 产地及分布

它是我国长江中游地区广泛分布的蛋用型鸭种，因产于西起江陵东到监利的荆江两岸而得名。主产于湖北省，西起江陵，东至监利的荆江两岸，以江陵、监利和沔阳县为中心，毗邻的洪湖石首、公安、潜江和荆门也有分布。

2. 体型外貌

荆江麻鸭头稍小，额微隆起，似"鳝鱼"头型，眼大有神，头清秀，喙青色，胫、蹼橘黄色。全身羽毛紧密。眼上方有长眉状白羽。颈细长而灵活，体躯稍长，户部较窄，背平直向后倾斜并逐渐变宽，胸部深落，个体小而结实。全身羽毛紧凑。公鸭头颈羽毛翠绿色，有光泽，前胸、背腰部羽毛红褐色，尾部淡灰色。母鸭头颈羽毛多呈泥黄色。背腰部羽毛以泥黄色为底色上缀黑色条斑（图1-4）。

图1-4　荆江麻鸭（左雄、右雌）

3. 主要特性

产肉性能：初生重39克，30日龄体重167克；60日龄体重456克；90日龄公鸭体重1.12千克，母鸭1.04千克；120日龄公鸭体重1.415千克，母鸭体重1.33千克；150日龄公鸭1.516千克，母鸭1.49千克；180日龄公鸭1.678千克，母鸭1.503千克。公鸭半净膛率79.68%，全净膛率72.22%；母鸭半净膛率79.93%，全净膛率72.25%。

产蛋性能：荆江鸭成熟早，产蛋量高，母鸭100天左右开始产蛋，最早的只有90天，2~3年间产蛋量最高，每只鸭年产蛋200枚，蛋呈椭圆形，蛋壳较薄，但光滑结实。蛋有白壳和青壳两种；白壳蛋较大，约占总蛋数的74%；青壳蛋较小，约占总蛋数的26%。平均蛋重62克，16个蛋约1千克。蛋白蛋黄的比例为52.7：35.3。

繁殖性能：母鸭开产日龄为120天左右，在2~3岁，产蛋量达最高峰，可利用5年；公母鸭配种比例为1：（20~25）；种蛋受精率93.1%，受精蛋孵化率93.24%。

五、三穗鸭

1. 产地及分布

三穗鸭原产于贵州省东部的低山丘陵河谷地带，以三穗县为中心，分布于镇远、岑巩、天柱、台江、剑河、锦屏、黄平、施秉、思南等县。三穗鸭属于小型蛋用麻鸭品种，具有早熟、产蛋多、生命力强、肉质细嫩，适应丘陵、河谷、盆地水稻产区放牧饲养，且耐粗饲，饲料利用能力强等特点。

2. 体型外貌

三穗鸭羽毛紧密，紧贴于体，头小、嘴短，眼着生高，虹彩褐色，颈细长，体长背宽，胸宽而突出，胸骨长，腹大而松软，绒羽发达，尾翘，体躯近似船形，行走时与地平面约呈50°角。胫细长，胫、蹼为橙红色，爪为黑色，有绿色镜羽（图1-5）。

图1-5 三穗鸭（左雄、右雌）

3. 主要特性

产肉性能：初生重为44.62克，70日龄羽毛长齐，120日龄平均体重公鸭1.28千克、母鸭1.31千克。成年公鸭体重为1.69千克，成年母鸭体重为1.68千克。屠宰测定：半净膛成年公鸭为69.5%，成年母鸭为58.9%；全净膛成年公鸭为61.2%，成年母鸭为66.3%；料肉比（3.8~4.2）：1。

产蛋性能：母鸭在一般放牧条件下每年有两个产蛋期，2—7月为第一个产蛋期，称为春蛋；9—12月为第二产蛋期，称秋蛋。110~120日龄开产，年产蛋200~260枚，平均蛋重为65.12克。蛋壳以白色居多，其次为绿色。壳厚0.31毫米，蛋形指数1.42。

繁殖性能：公母配比1∶（20~25）。种蛋受精率80%~85%，受精蛋孵化率85%~90%。母鸭利用2~3年，公鸭只利用1年，优良个体可多利用1年。

六、连城白鸭

1. 产地及分布

它又名白鹜鸭、乌嘴鸭，是我国优良的地方鸭种，据《连城县志》记载，在连城已繁衍栖息百年以上，具有独特的"白羽、乌嘴、黑脚"的外貌特征和生产性能，遗传性能稳定，是我国稀有的种质资源。因中心产区位于福建省西部的连城县而得名，分布于长汀、上杭、永安和清流等县。这是中国麻鸭中独具特色的小型白色品种。

2. 体型外貌

连城白鸭属小型鸭种，体型狭长，头小，嘴宽、前端稍扁平，锯齿锋利，眼圆大，外突，形似青蛙眼；颈细长，躯干呈狭长形，前胸浅，腰直，腹钝圆不下垂；胫长壮有力，善跑健游，适于远途山区及平原放牧。行动灵活，觅食力强，富于神经质。全身羽毛洁白紧密，公鸭尾端有性羽2~4根，是外观识别雌雄的重要标记。喙黑色，胫、蹼灰黑色或黑红色，爪黑色（图1-6）。

图1-6　连城白鸭（左雄、右雌）

3. 主要特性

产肉性能：该鸭初生重为 40~44 克，30 日龄重为 250~300 克，90 日龄重为 1.3~1.5 千克。成年体重：公鸭 1.4~1.5 千克，母鸭 1.3~1.4 千克。全净膛率，公鸭为 70.3%，母鸭为 71.7%。

产蛋性能：120~130 日龄开产，第一产蛋年年蛋 220~230 个，第二产蛋年为 250~280 个，第三产蛋年为 230 个左右。蛋重平均为 58 克。蛋壳以白色居多，少数青色。

繁殖性能：母鸭开产日龄为 120 天左右，公鸭 180 天左右达到性成熟。公母配种比例为 1：20~25。种蛋受精率在 90%~96%，受精蛋孵化率 91%~94%，每只母鸭可生产母雏 80~95 只。利用年限，公鸭一般可以利用 1 年，母鸭可利用 3 年。

七、莆田黑鸭

1. 产地及分布

主要分布于福建省莆田市沿海及南北洋平原地区，由绿头野鸭经长期自然驯化和人工选育形成。它是我国蛋用型鸭唯一的黑色羽品种。

2. 体型外貌

莆田黑鸭体型轻巧、紧凑，头适中、眼亮有神、颈细长（公鸭较粗短），骨骼坚实，行走迅速。全身羽毛黑色（浅黑色居多），着生紧密，加上尾脂腺发达，水不易浸湿内部绒毛。喙、跖、蹼、趾均为黑色。母鸭骨盆宽大，后躯发达，呈圆形；公鸭前躯比后躯发达，颈部

图 1-7　莆田黑鸭（左雌、右雄）

羽毛黑而具有金属光泽，发亮，尾部有几根向上卷曲的性羽，雄性特征明显。具有较强的耐热和耐盐性。公、母鸭全身羽毛均为黑色，喙墨绿色，胫、蹼均为黑色（图1-7）。

3. 主要特性

产肉性能：初生重为40.15克，8周龄平均体重为890.59克。成年公鸭体重1.3~1.4千克，母鸭1.55~1.65千克。屠宰率：平均体重为（1.50±0.04）千克，半净膛屠宰率为78.38%，全净膛屠宰率为71.99%。

产蛋性能：开产日龄120天，年产蛋270~290个，蛋重73克，产白壳蛋和青壳蛋，各约占50%，约0.1%的蛋壳为黑色，源于蛋壳经过输卵管时被涂上了黑色分泌物。300日龄产蛋量为139.31个，500日龄产蛋量为251.20个，个别高产家系达305个。500日龄前，日平均耗料为167.2克，每千克蛋耗料3.84千克，平均蛋重为63.84克。蛋壳白色占多数。在持续35℃高温下，产蛋率仍可保持在80%以上。

繁殖性能：公鸭6月龄开始配种。公母配种比例为1：25，种蛋受精率达95%左右，雏鸭成活率为95%左右。

八、山麻鸭

1. 产地及分布

山麻鸭又称龙岩鸭、新岭鸭、水鸭等，属蛋用型品种，中心产区为福建省新罗区的龙门、小池、大池、曹溪、适中、铁山、雁石、红坊、白沙、苏坂等乡镇；主要分布于龙岩、三明、南平和宁德等市，广东、广西壮族自治区、江西、湖南、浙江等省、区也有饲养。

2. 体型外貌

山麻鸭具有麻鸭的一般特征。公鸭喙青黄色，嘴豆黑色，虹膜黑色，蹠蹼为橙红色，爪黑色；头及颈上部的羽毛为孔雀绿，有光泽，有一条白颈环（部分公鸭没有）；从前背至腰部羽毛均为灰棕色。母鸭羽色浅麻色的占64%；褐麻色的占22%；杂麻色的占14%。母鸭全身羽毛浅褐色，有黑色斑点，眼上方有白色眉纹。虹彩褐色，喙黄色，胫、蹼橘黄色（图1-8）。

图 1-8　山麻鸭（左雄、右雌）

3. 主要特性

产肉性能：初生重为 45 克，成年公母鸭均为 1.4~1.6 千克。屠宰率：半净膛率，公鸭 72.8%，母鸭 67.4%；全净膛率，公鸭 63.0%，母鸭 58.5%。

产蛋性能：圈养条件下，山麻鸭见蛋日龄 84 天，110~130 日龄开产，年产蛋 240~250 个，500 日龄平均产蛋数 299 个，蛋重 66~68 克。

繁殖性能：公鸭 110 日龄性成熟，公母比例 1:（30~35）条件下，种蛋受精率 85%~88%，受精蛋孵化率 86%~89%。无就巢性。利用年限，公鸭 1 年，母鸭 2~3 年。

九、恩施麻鸭

1. 产地及分布

它又称利川麻鸭，中心产区为湖北省利川县南坪、汪营、柏杨、凉雾等地，分布于恩施自治州的恩施、利川、来凤、宣恩、咸丰等县市，属蛋用型小型麻鸭，于 1989 年被《中国家禽品种志》收录。

2. 体型外貌

前躯较浅，后躯宽广，羽毛紧凑，颈较短而粗，公鸭头颈绿黑色，颈有白颈圈，胸部羽毛红褐色，背、腹部呈青褐色，每片羽毛的边缘有极细的白羽毛，远看像"鱼鳞片状"。尾部有 2~4 根卷羽上翘。母鸭颈羽与背羽颜色相同，多为褐色，带有黑色雀斑。有赤麻、青麻、浅麻之分。胫、蹼黄色（图 1-9）。

图 1-9　恩施麻鸭（左雄、右雌）

3. 主要特性

产肉性能：成年体重公鸭 1.362 千克，母鸭为 1.615 千克。半净膛率，成年公鸭为 85%，母鸭为 84%；全净膛率，公鸭为 77%，母鸭为 76%。

产蛋性能：180 日龄开产，年产蛋 183 枚，平均蛋重为 65 克，蛋形指数 1.38，壳多为白色。

繁殖性能：公母配种比例 1：20，种蛋受精率约 81%，孵化率为 85% 左右。

十、中山麻鸭

1. 产地及分布

产于广东省中山县。珠江三角洲亦有分布，是蛋肉兼用型品种，被列为广东优良地方禽种之一。

2. 体型外貌

体型大小适中，公鸭头、喙稍大，体躯深长，头羽花绿色，颈、背羽黑褐麻色，颈下有白色颈圈。胸羽浅褐色，腹羽灰麻色，镜羽翠绿色。母鸭全身羽毛以褐麻色为主，颈下有白色颈圈。蹼橙黄色，虹彩褐色（图 1-10）。

3. 主要特性

产肉性能：30 日龄的肉鸭体重 259.2 克，60 日龄体重 680.2 克，90 日龄体重 1.315 千克。成年鸭体重：公 1.69 千克，母 1.7 千克。63 日龄屠宰率：半净膛率，公鸭 84.4%，母鸭 84.5%；全净膛率，公鸭 75.7%，母鸭 75.7%。

图 1-10　中山麻鸭（左雄、右雌）

产蛋性能：开产日龄 130~140 天，产蛋高峰期在开产后的第二、第三年，年产蛋 180~220 个，蛋重 70 克，蛋壳呈白色。

繁殖性能：公母配种比例 1:（20~25），种蛋受精率 93%。

十一、江南Ⅰ号、江南Ⅱ号蛋鸭

1. 产地及分布

江南Ⅰ号蛋鸭和江南Ⅱ号蛋鸭均是由浙江省农业科学院畜牧兽医研究所在绍兴鸭的基础上，采用正反反复选择法，经过 3 个世代和两轮重复杂交试验选育，经过 8 年的研究与推广，育成我国第一个杂交高产商品蛋鸭品种，具有产蛋多、产蛋高峰持续期长、蛋大、饲料利用率高、抗逆性能强等特点。已达到国际先进水平，获得部省级科技进步成果奖。

2. 体型外貌

江南Ⅰ号雏鸭黄褐色，而一般的绍兴鸭雏鸭为乳黄色，并有褐色花斑；江南Ⅱ号雏鸭绒毛颜色更深，褐色斑更多。江南Ⅰ号成年母鸭全身羽毛呈浅褐色，带有较细而不明显的斑点；江南Ⅱ号成年母鸭羽毛呈深褐色，全身布满黑色斑点大而明显，母鸭身体细长，匀称紧凑，站立和行走时躯干与地面呈 45° 角以上（图 1-11）。

3. 主要特性

产肉性能：江南Ⅰ号和江南Ⅱ号成年体重 1.66 千克左右，60~70 日龄时体重比绍兴鸭提高了 16%~22%，饲料报酬和肉的品质也得到提高。

图 1-11　绍兴鸭配套系（左江南Ⅰ号雌、右江南Ⅱ号雌）

产蛋性能：江南Ⅰ号 118 日龄时产蛋率即可达到 5% 左右，158 日龄产蛋率达到 50% 以上，220 日龄时产蛋率达到 90% 以上，其产蛋率 90% 以上可以维持 4 个月左右。500 日龄江南Ⅰ号蛋鸭产蛋数平均 306.9 枚，产蛋总重平均为 21.08 千克；300 日龄时平均蛋重 72 克，产蛋期料蛋比 2.84∶1，产蛋期成活率可达到 97.1%。江南Ⅱ号的产蛋性能比江南Ⅰ号高，其 117 日龄时产蛋率即可达到 5%，146 日龄时产蛋率达到 50% 以上，180 日龄的产蛋率为 90% 以上，产蛋率 90% 以上可以维持 9 个月左右。江南Ⅱ号蛋鸭 500 日龄时蛋鸭产蛋量平均 328 枚左右，产蛋总重平均 22 千克左右；300 日龄时平均蛋重 70 克 / 枚。产蛋期料蛋比为 2.76∶1，产蛋期成活率可达到 99.3%。

繁殖性能：江南Ⅱ号母鸭开产日龄为 100~120 天，公鸭性成熟日龄为 100 天左右，公母比例 1∶22，种蛋受精率 90%~96%，受精蛋孵化率平均为 89%~93%。没有就巢性。在正常的饲养管理条件下，成活率为 99.2%。江南Ⅰ号与此类似。

十二、青壳Ⅱ号蛋鸭

1. 产地及分布

青壳Ⅱ号蛋鸭是由浙江省农业科学院畜牧兽医研究所等单位的有关部门科研工作者在绍兴鸭高产系的基础上应用现代育种最新技术选育而成。目前已通过省级鉴定，并被列入国家农业科技跨越计划项目。它和大多数蛋鸭不同的是，它产下的蛋大多是青色的。如今这个品种已经推广到全国各地，尤其是东北、华北、华东以及中原一带分布最多。

2. 体型外貌

青壳Ⅱ号蛋鸭的雏鸭全身羽毛呈黄色，头顶部有一小黑斑，喙、胫、爪呈橘黄色。成年公鸭的头似蛇形，颈细长，羽毛呈深褐色，颈部中部偏上处有一条2~4厘米宽的白色圈带，头、颈尾部羽毛呈墨色，带有光泽，喙呈橘黄色，胫、爪呈橘红色，成年母鸭：头似蛇形，颈细长，羽毛呈褐色麻羽，颈中部偏上处有一条2~4厘米宽的白色圈带，翼顶端毛色为墨色，喙为灰黄色，胫、爪呈橘红色（图1-12）。

图1-12 青壳Ⅱ号蛋鸭（左雌、右雄）

3. 主要特性

产肉性能：成年公鸭体重为（1.5±0.15）千克；成年母鸭体重为（1.6±0.15）千克；公鸭肉质较好，具有野鸭风味。

产蛋性能：青壳Ⅱ号产蛋性能优良，500日龄鸭产蛋329个，平均每个蛋重68克，总蛋重22.1千克。所产蛋青壳率达92%以上，外观美丽，色泽鲜艳自然。料蛋比2.62：1，产蛋高峰期长达300天，其生产性能达到国际领先水平。

繁殖性能：该品种的抗病性能也比较好，培育期成活率达

97.5%，产蛋期成活率高达99%。

十三、卡基·康贝尔鸭

1. 产地及分布

它又称黄褐色康贝尔鸭，蛋用型鸭品种，由英国育成。康贝尔鸭有黑色、白色和黄褐色3个变种，我国是从荷兰引进的黄褐色康贝尔鸭。这种鸭肉质鲜美，有野鸭肉的芳香，且产蛋性能好，性情温驯，不易应激，适于圈养，是目前国际上优秀的蛋鸭品种之一，现已在全国各地推广。

2. 体型外貌

该品种体型较国内蛋鸭品种稍大，体躯宽而深，背宽而平直，颈略粗，眼较小，胸腹部发育良好，体型外貌与我国的蛋用品种鸭有明显的区别，近似于兼用品种的体型。雏鸭绒毛深褐色，喙、胫黑色，长大后羽色逐渐变浅（图1–13）。

图1–13 卡基·康贝尔鸭（雄）

3. 主要特性

产肉性能：雏鸭60日龄活重1.5~1.7千克。成年公鸭体重2.1~2.3千克，成年母鸭体重2~2.2千克。

产蛋性能：开产日龄130~140天。500日龄产蛋量270~300枚，产蛋总重18~20千克。300日龄蛋重71~73克。蛋壳颜色为白色。

繁殖性能：公母配种比例为1:（15~20）。种蛋受精率为85%左右。利用年限，公鸭 1 年，母鸭第一年较好，第二年生产性能明显下降。

第三节　蛋鸭品种的选择和引进

一、品种的选择

我国幅员辽阔，领土南北跨越的纬度近 50°，大部分在温带，小部分在热带，没有寒带。同时，我国地形复杂多样，平原、高原、山地、丘陵、盆地五种地形齐备，山区面积广大，约占全国面积的 2/3，这样造就形成了复杂多样的气候；加之我国各地风土人情不同，经济消费水平不同，所以要注重蛋鸭品种的选择。

1. 依据南方和北方自然环境方面的差异选择

主要是气候条件不同，南方平均气温高，夏季炎热，北方平均气温低，冬季寒冷；南方多雨潮湿，北方少雨干燥。南方农村主要栽培作物是水稻，放牧的场地大都是江河湖泊和水稻田；北方农村主要栽培的是麦类、玉米和大豆等旱地作物，放牧环境与南方差别较大。

2. 依据蛋鸭的适应能力选择

蛋鸭与瘤头鸭不同，它对气候的适应能力较强，南方夏季的高温也能适应，北方的夏季更没有问题了，因此从气候条件分析，北方饲养蛋鸭主要是在冬季，当室外气温降至零下时，必须停止放牧，当室内温度低于 5℃时，要进行加温保温，只要能保持 10~15℃的室内温度，冬季仍然可以达到 85% 左右的产蛋率。有研究表明，低温能够显著降低育成期笼养金定鸭的卵巢重、输卵管重、输卵管长、孕酮和雌二醇水平，从而显著影响育成蛋鸭的体发育和性成熟。

从放牧的自然环境看春夏秋三季在北方也是可以放牧的，但要经过调教。只有掌握放牧的技术要领，才不会出问题。冬季北方气温太低，必须停止放牧，改为室内圈养。综合起来看南方蛋鸭在北方饲养，只要冬季适当保温，是能够适应的。但如果是放牧饲养，冬季也要停止放牧。北方要养好蛋鸭，关键是掌握蛋鸭的习性，采用的一整套饲养管理技术要合理正确，才能达到高产的目的。例如，绍兴鸭和金定鸭适应性都非常强，在全国各地都可以饲养。

3. 依据自身养殖规模、饲养模式选择

我国普遍农户养殖蛋鸭数目 <5 000 羽，属于小成本、低规模养殖，因此，由于蛋鸭育雏要求高、难度大，一般以直接引进 80~100 日龄的青年鸭为宜。考虑到产蛋周期，一般在每年的年底进场。本地的自然饲养条件和采用的饲养方式选择蛋鸭品种所谓饲养方式，是指放牧还是圈养。圈养的可以引进高产的蛋鸭品种，而放牧饲养的要根据其自然放牧条件而定。在农田水网地区，要选善于觅食，觅食力强、善于在稻田之间穿行的小型蛋鸭，如绍兴鸭、攸县麻鸭等；在丘陵山区，要选善于山地爬行的小型蛋鸭，如福建的连城白鸭或山麻鸭等；在湖泊地区，湖泊较浅的可以选中、小型蛋鸭，若是放牧的湖泊较深，可选用善潜水的鸭；在海滩地区，则要选耐盐水的金定鸭或是莆田黑鸭，其他鸭种很难适应。

4. 蛋鸭选种的标准

选择生产性能好、性情温顺、体型较小、成熟早、生长发育快、耗料少、产蛋多、饲料利用率高、适应性强、抗病能力强的品种，成年母鸭 2 年内留优去劣，第三年全部更新。

5. 依据市场需求选择

由于蛋鸭品种的商品化特点，饲养的品种必须以满足市场需求为出发点，只有在饲养的品种产销对路的前提下，通过强有力的销售手段，才能使养殖蛋鸭的投入得到高回报。例如，白壳蛋和青壳蛋，这与产蛋率的高低没有关系，也和蛋的营养价值没有关系，但和经济效益有密切关系。因为有些地区群众喜欢青壳的鸭蛋，每个蛋的零售价比白壳蛋高，因此青壳比白壳的效益好。又如，有的地区养鸭，主要是加工皮蛋和咸蛋，出售时按个数计价，而不是按重量计价，因而小蛋很畅销，造成大蛋品种很难推广。类似情况，如孵化厂收购种蛋时，有的专拣小蛋收，因为无论大蛋或小蛋，每一个受精蛋都只能孵出一只小鸭，而小鸭出售是按只计价的。所以在选择优良品种时，除了考虑生产性能这个主要因素外，还必须考虑到当地市场的特殊需要。只有把两者结合起来，通盘考虑，才能获得最佳效益。

二、品种的引进

随着蛋鸭养殖的规模化、集约化、福利化建设的推进，蛋鸭品种作为养殖环节中的基础环节，其质量优劣不仅决定了整个养殖环节的利益多少，而且也决定了蛋鸭产品的品质高低，是发展蛋鸭养殖业的重要基础。随着蛋鸭养殖业产业化的进一步发展，广大养殖户对良种蛋鸭的需求量进一步增加，将需要从国外或其他省份引进大量的良种蛋鸭才能满足蛋鸭养殖的需要。

1.制定合理引种计划，不要盲目引种

引种应根据当前饲养场的生产需求、生产目的或育种工作的需要，确定品种类型，同时要考察所引品种的经济价值。尽量引进国内已扩大繁殖的优良品种，可避免从国外引种的某些弊端。引种前必须先了解引入品种的技术资料，对引入品种的生产性能、饲料营养要求要有足够的了解，如是纯种，应有外貌特征、育成历史、遗传稳定性以及饲养管理特点和抗病力，以便引种后参考。

2.注意引进品种的适应性

选定的引进品种要能适应当地的气候及环境条件。每个品种都是在原产地特定的环境条件下形成的，对原产地有特殊的适应能力。当被引进到新的地区后，如果新地区的环境气候条件与原产地差异过大时，引种就不易成功，所以引种时首先要考虑当地条件与原产地条件的差异状况；其次，要考虑能否为引入品种提供适宜的环境条件。考虑周到，引种才能成功。如果自然气候环境不同，比如将热带动物品种引入寒带就会因为不能适应环境会出现死亡，反之寒带地区的畜禽品种引入到热带也难于养殖。同样，气候干燥地域的动物到了湿润地区也不容易饲养。

3.引种渠道要正规

从正规的种鸭场引种，要求种鸭场必须是国家畜牧兽医部门划定的非疫区，畜禽场内的兽医防疫制度必须健全完善，动物卫生行为操作规范，并且管理严格。在实际选择引种目标场家过程中，首先要查看该畜禽场的各种证件，包括"动物防疫合格证""种畜禽生产经营许可证"等法定售种畜禽资格的证件证照等。而且引种种鸭场的生产水平要高，配套服务质量高，有较高的信誉度，才能确保鸭苗质量。

4.选择优良健康的蛋鸭品种

在选择畜禽时，要采取"查系谱、细观察"的方法。首先要查阅畜禽品种的系谱档案，至少要查阅3代的档案，真正明确了解所引畜禽品种的生产水平要高，血缘要纯正，遗传性能要稳定。其次要认真仔细地观察畜禽个体，挑选具有明显品种特征的畜禽。比如说：高产蛋鸭眼大凸出而有神，头稍小，颈细长，体长，背宽，胸阔深，发育饱满均衡，行动敏捷。用手提鸭颈时，两脚向下伸直，不动弹。低产鸭眼小不凸出且无神，头大颈粗，体短，背、胸较窄，行动迟缓。用手提鸭颈时，双脚屈起。同时，绝不可以从发病区域引种，以防止引种时带进疾病。进场前应严格隔离饲养，经观察确认无病后才能入场。

5.做好运输工作

运输车辆必须严格清洗消毒并且大小合适，在车箱底部应垫上锯末或沙土等一些柔软防滑的垫料，避免蛋鸭在运输中颠簸碰撞而出现受伤。对于个性强猛、特别不安的，可适当注射镇静剂。运输过程中要尽量减少应激。比如在夏季进行畜禽运输应选择阴凉天气，或者早晨傍晚时分来进行。尤其在路途较远时，要在运输车辆的顶部安装遮阳网，避免温度过高，出现热应激。此外，还应注意畜禽运输途中的饮水供应。而在冬季引种运输过程中要做到保温防寒，防止贼风。另外，在运输途中尽量做到匀速行驶，减少紧急刹车造成的应激。

6.其他方面

① 首次引入品种数量不宜过多，引入后要先进行1~2个生产周期的性能观察，确认引种效果良好时，再适当增加引种数量，扩大繁殖。

② 引种时应引进体质健康、发育正常、无遗传疾病、未成年的幼禽，因为这样的个体可塑性强，容易适应环境。

③ 注意引种季节。引种最好选择在两地气候差别不大的季节进行，以便使引入个体逐渐适应气候的变化。从寒冷地带向热带地区引种，以秋季引种最好，而从热带地区向寒冷地区引种则以春末夏初引种最适宜。

④ 做好运输组织工作安排，避开疫区，尽量缩短运输时间。如运输时间过长，就要做好途中饮水、喂食的准备，以减少途中损失。

第四节　蛋鸭的生物学特性

禽类的共同特点是新陈代谢旺盛、体温高、心跳快、觅食能力强、发达的肌胃，对粗纤维的消化能力低，需要大量的食物等，但蛋鸭还有其他禽类所不具备的生物学特性。

一、喜水性

蛋鸭是水禽，水中觅食、求偶交配，只有产蛋休息才上岸。"竹外桃花三两枝，春江水暖鸭先知"，这是著名诗人苏东坡对鸭喜水特性的绝妙写照。蛋鸭的尾脂腺发达，能分泌含有脂肪、卵磷脂、高级醇的油脂，蛋鸭在梳理羽毛时常用喙压迫尾脂腺，挤出油脂，再用喙将其均匀地涂抹在全身的羽毛上，来润泽羽毛，使羽毛不被水浸湿，有效地起到隔水防潮、御寒的作用。但蛋鸭喜水不等于蛋鸭喜欢潮湿的环境，因为潮湿的栖息环境不利于蛋鸭冬季保温和夏季散热，并且容易使鸭子腹部的羽毛受潮，加上粪尿污染，导致蛋鸭的羽毛腐烂、脱落，对蛋鸭生产性能的发挥和健康不利。因此，蛋鸭的栖息地要保持干燥。

二、合群性

蛋鸭的祖先天性喜群居，很少单独行动，公、母鸭合群、同群与异群合群，相互之间并不发生争啄。不喜斗殴，所以很适于大群放牧饲养和圈养，管理也较容易。因此，在种鸭群中挑选 10 只左右具有"领袖"气质的蛋鸭做头鸭。控制好了头鸭，就有利于控制好整个种鸭群在放牧过程中的停止、前进、采食、转移等活动。此外，蛋鸭性情温驯，胆小易惊，只要有比较合适的饲养条件，不论蛋鸭日龄大小，混群饲养时都能和睦共处。但在喂料时一定要让群内每只蛋鸭都有足够的吃料位置，否则，将会有一部分弱小个体由于吃不到料而消瘦。

三、耐寒性

成鸭因为大部分体表覆盖正羽，致密且多绒毛，所以对寒冷有较强的抵抗力。现代科学技术研究表明，蛋鸭脚骨髓的凝固点很低，蛋鸭即使长期站在冰冷的水面上仍然能保持脚内体液流畅而不使脚蹼冻伤，冬季即使雪花飘飘也能在水中活动，故蛋鸭在严寒的冬季只要饲料好，圈舍干燥，有充足的饮水，仍然能维持正常的体重和产蛋性能。相反，蛋鸭对炎热环境的适应性较差，加之蛋鸭无汗腺，在气温超过25℃时散热困难，只有经常泡在水中或在树阴下休息才会感到舒适。耐寒而不耐热。

四、杂食性

俗话说，鸭吃百样饭，看你怎么拌。蛋鸭是杂食动物，食谱比较广，很少有择食现象，食道容量大，加之其颈长灵活，又有良好的潜水能力，故能广泛采食各种生物饲料。蛋鸭的嗅觉、味觉不发达，对饲料的适口性要求不高，凡无酸败和异味的饲料都可成为它的美味佳肴，并且对异物和食物无辨别能力，常把异物当成饲料吞食。蛋鸭的口叉深，食道宽，能吞食较大的食团。鸭舌边缘分布有许多细小的乳头，这些乳头与嘴板交错，具有过滤作用，使蛋鸭能在水中捕捉到小鱼虾。蛋鸭的肌胃发达，其中经常储存有砂砾，有助于蛋鸭较快地磨碎饲料。所以，蛋鸭在舍饲条件下的饲料原料应尽可能地多样化。

五、无就巢性与定巢性

就巢性（俗称抱窝）是鸟类繁衍后代的固有习性。但鸭经过人类的长期驯养、驯化和选育，已丧失了就巢的本能，因此无孵化能力，从而延长了鸭的产蛋期，而需要实行人工孵化和育雏。不过，生产实践中仍有少部分蛋鸭在日龄过大或气候炎热时出现就巢现象。定巢性：蛋鸭产蛋具有定巢性，即蛋鸭的第一个蛋产在什么地方，以后就一直到什么地方产蛋，如果这个地方被别的蛋鸭占用，该蛋鸭宁可在巢门口静立等待也不进旁边的空窝产蛋。由于排卵在产蛋后半小时左右，蛋鸭产蛋时等待的时间过长会减少其日后的产蛋量。一旦等不及，几只蛋鸭为了争一个产蛋窝，就会相互啄斗，被打败的蛋鸭便另找一个较为安静的去处产蛋，结果造成窝外蛋和脏蛋增多。因此，在蛋鸭开产前应设置足够的产蛋窝。另外，蛋鸭产蛋具有喜暗性，并多集中在后半夜至凌晨，所以在产蛋集中的时间应增加收蛋次数。

六、群体行为

蛋鸭良好的群居性是经过争斗建立起来的，强者优先采食、饮水、配种，弱者依次排后，并一直保持下去。这种结构保证鸭群和平共处，也促进鸭群高产。在已经建立了群序的鸭群中放入新公鸭，各公鸭为争配，会引起新的争斗，使战败者伤亡，或处于生理阉割状态，所以配种期应经常观察鸭群，并及时更换无配种能力的公鸭。合群、并舍、更换鸭舍或调入新成员应在母鸭开产前几周完成，以便使蛋鸭群有足够的时间重新建立群序。蛋鸭在生理行为发生变化时啄斗会加剧，如4周龄脱换绒羽和蛋鸭性器官开始发育、第二性征形成、开始产蛋等阶段，所以此阶段要加强管理，创造适宜的环境，以缓解和减少鸭只间的相互啄斗。

七、生活有规律

鸭有较好的条件反射能力，可以按照人们的需要和自然环境变化建立有规律的生活秩序。如觅食、戏水、休息、交配和产蛋都具有相对固定的时间。放牧饲养的鸭群一天当中一般是上午以觅食为主，间以戏水或休息；中午以戏水、休息为主，间以觅食；下午则以休息居多，间以觅食。一般来说，产蛋鸭傍晚采食多，不产蛋鸭清晨采食多，这与晚间停食时间长和形成蛋壳需要钙、磷等矿物质有关，因此，每天早晚应多投料。舍饲蛋鸭群的采食和休息根据具体的饲养条件有异。蛋鸭配种一般在早晨和傍晚进行，其中熄灯前2~3小时蛋鸭的交配频率最高，垫草地面是蛋鸭安全的交配场所。因此，晚关灯，实行垫料地面平养有利于提高种鸭的受精率。

八、饮食有规律

蛋鸭喜食颗粒饲料，不爱吃粒度过小的黏性饲料，并有先天的辨色能力，喜欢采食黄色饲料，在多色饲槽中吃料较多，喜在蓝色水槽中饮水。蛋鸭愿意饮凉水，不喜欢饮高于体温的水，也不愿饮黏度很大的糖水。观察发现，公母鸭的交配性能随其年龄增长而降低。所以，生产实践中要充分利用青年公鸭，及时淘汰老龄鸭。

九、成熟期早、繁殖力高（性成熟早）

母鸭年产日龄早熟品种 100~120 日龄，晚熟品种 150~180 日龄；公鸭早熟品种 120 日龄、晚熟品种 160~180 日龄便可配种。鸭一年四季均可产蛋，但 3—5 月，8—10 月为产蛋高峰期。公鸭常年均有性活动能力。1 公可以配多母。1 只公鸭均可交配 10 只以上的母鸭。如果以受精率、孵化率各 80%，育雏率为 95% 计算，则一只蛋用品种的母鸭一年可以繁殖 170~181 只鸭。此外，母鸭体内左侧有一个发达的卵巢，其功能是排卵造蛋，在右侧还有一个很不发达的雄性腺。如果鸭群中有适量的公鸭，则公鸭分泌的雄性荷尔蒙会抑制母鸭体内右侧雄性腺的发育，从而诱导母鸭卵巢多排卵、多产蛋。

十、产蛋期特点

由于蛋鸭的产蛋量高，而且持久，小型蛋鸭的产蛋率在 90% 以上的时间可持续 20 周左右，整个主产期的产蛋率基本稳定在 80% 以上，远远超过鸡的生产水平。蛋鸭的这种产蛋能力，需要大量的营养物质，除维持鸭体的正常生命活动外，大多用于产蛋。因此，进入产蛋期的母鸭代谢很旺盛，为了代谢的需要，蛋鸭表现出很强的觅食能力，尤其是放牧的鸭群。产蛋鸭的另一个特点是性情温驯，在鸭舍内，安静地休息、睡觉，不到处乱跑乱叫；生活和产蛋的规律性很强，在正常情况下，产蛋时间总是在下半夜的 1~2 点。鉴于蛋鸭在产蛋期的这些特点，在饲养上，是蛋鸭一生中要求最高水平的饲养标准和最多的饲料量；在环境的管理上，要创造最稳定的饲养条件，才能保证蛋鸭高产稳产，且蛋品优质，种用价值最高。

技能训练

蛋鸭品种的识别。

【目的要求】能识别常见几个蛋鸭的品种。

【训练条件】提供蛋鸭、标本、品种图片或幻灯片等材料。

【操作方法】展示活鸭或标本，放映蛋鸭品种图片或幻灯片，识别每个常见品种，并了解其主要生产性能。

【考核标准】

1.根据以下活鸭或标本、品种图片或幻灯片，能正确识别品种。

京绍兴鸭、金定鸭、攸县麻鸭、荆江麻鸭、三穗鸭、连城白鸭、莆田黑鸭、山麻鸭、恩施麻鸭、中山麻鸭、江南Ⅰ号、江南Ⅱ号蛋鸭、青壳Ⅱ号蛋鸭、卡基·康贝尔鸭。

2.能说出主要蛋鸭品种及其主要生产性能和优缺点。

思考与练习

1.简单说说京绍兴鸭、金定鸭、攸县麻鸭、荆江麻鸭、三穗鸭、连城白鸭、莆田黑鸭、山麻鸭、恩施麻鸭、中山麻鸭、江南Ⅰ号、江南Ⅱ号蛋鸭、青壳Ⅱ号蛋鸭、卡基·康贝尔鸭等主要蛋鸭品种的特点。

2.引进蛋鸭品种需要把握哪些基本原则？

3.蛋鸭有哪些生物学特性？

第二章 蛋鸭饲料与营养

    1. 了解蛋鸭常用的饲料种类及特点。

    2. 熟悉主要饲料原料选择的质量标准。

    3. 能根据蛋鸭的饲养标准配制简单的全价饲料。

    4. 掌握安全使用蛋鸭饲料的方法。

技能要求

    学会识别和选择优质饲料原料。

    了解蛋鸭的营养需要和常用饲料特性，并根据蛋鸭的生理特点和生活习性科学配合日粮，是蛋鸭饲养管理工作的重要环节。随着养鸭业的规模化、集约化发展，蛋鸭不仅依赖从饲料中摄取的营养物质生长发育、生产和提高抵抗力、维持健康和较高的生产性能，而且饲料营养与疾病的关系也越来越密切，对疾病发生的影响越来越明显。加强对蛋鸭饲料营养和饲料安全的控制，对于维持鸭群安全，保证生产性能充分发挥具有重要意义。

第一节　蛋鸭优质饲料原料的选择

一、蛋鸭常用的饲料种类及特点

饲料通常可以分为能量饲料、蛋白质饲料、青绿饲料、维生素饲料、矿物质饲料及饲料添加剂等六大类，不同饲料差异很大。目前，用于蛋鸭的饲料原料种类仍很少，主要是玉米和豆粕；受运输等因素的影响，其他一些饲料原料的使用主要是因地制宜。了解各种饲料原料的营养特点与影响其品质的因素，对于合理调制、配合日粮，提高饲料的营养价值具有重要意义。

1. 能量饲料

饲料中能量是以可消化淀粉、糖类、脂肪和蛋白质形式存在的，根据各种饲料原料的特性，能量饲料是指饲料干物质中粗纤维含量小于18%，粗蛋白质含量小于20%的饲料。能量饲料主要包括禾本科的谷实类及其加工副产品，块根块茎类、动植物油脂和糖蜜等，是鸭用量最多的一种饲料，占日粮的60%~80%，其功能主要是供给蛋鸭所需要的能量（表2-1）。

表2-1　常用能量饲料的种类和特性

种类	饲料特性描述
谷实类	淀粉含量高、有效能值高、粗纤维低、适口性好、易消化；粗蛋白质含量低、氨基酸组成不平衡、生物学价值低；矿物质中钙少磷多、植酸磷含量高、不易消化吸收；维生素D缺少
玉米	能量较高，其主要来源是富含淀粉的胚乳和富含油的胚芽（主要是不饱和脂肪酸），是家禽饲料主要的能量来源，在饲料中占50%~70%；玉米粗蛋白质含量（8.6%左右）较低，主要是醇溶蛋白，对蛋鸭所需的氨基酸组成并不理想；钙、磷含量低；玉米富含黄色/橘黄色色素，叶黄素含量达到5毫克/千克、胡萝卜素含量达到5毫克/千克，有益于体脂和蛋黄的着色
小麦	小麦含粗蛋白质（14%）水平明显高于玉米，且氨基酸比其他谷实类完全，但能量水平略低；有效生物素含量很低，B族维生素丰富；小麦含有5%~8%的戊聚糖，在日粮中用量超过30%时，会引起消化障碍，降低饲料消化率；小麦可改善饲料的制粒质量

（续表）

种类	饲料特性描述
大麦	大麦能量中等，其代谢能值与容重密切相关，与粗纤维含量呈强的负相关，粗蛋白质含量通常在 11%~14%；大麦含有家禽不能分解的 β-葡聚糖（通常含有 4%~9%，有时高达12%~15%），一般在鸭配合饲料中用量不超过 15%~20%，否则，易引起消化障碍，降低饲料消化率
高粱	高粱的饲养价值相当于玉米的 95%，高粱中淀粉与蛋白质结合，故必须热处理，否则降低消化率；高粱富含单宁（鞣酸），味道发涩，适口性差，抑制生长，一般在鸭配合饲料中用量不超过 10%~15%
小米	能量与玉米相近，粗蛋白质含量高于玉米，为 10% 左右，核黄素（维生素 B_2）含量高（1.8 毫克/千克），而且适口性好，一般在配合饲料中用量占 15%~20% 为宜
糠麸类	无氮浸出物比谷实类少，粗蛋白质、粗纤维、粗脂肪含量较高，易酸败变质，钙磷比例不平衡，糠麸类来源广、质地松软、适口性好
次粉	次粉由糊粉层、胚乳和少量细麸皮组成，是小麦磨制精粉后除去小麦麸、胚及合格面粉以外的部分即饲料用次粉；粗蛋白质含量高（13.5%~15%），氨基酸组成较平衡，尤其赖氨酸（0.67%）、色氨酸和苏氨酸含量较高；粗纤维含量高（3.5%~5%），有效能质较低，可用来调节饲料的养分浓度，日粮中用量不宜过多；脂肪含量约 4%，其中不饱和脂肪含量高，易氧化酸败；B 族维生素及维生素 E 含量高，维生素 B_1 高达 8.9 毫克/千克，维生素 B_2 高达 3.5 毫克/千克，但维生素 A、维生素 D 含量少；矿物质丰富，但钙磷比例却不协调，注意补钙
小麦麸	俗称麸皮，一般由种皮、糊粉层、部分胚芽及少量胚乳组成，其中胚乳的变化最大；粗蛋白质（14%~16%）、粗纤维（8%~12%）含量均高于次粉；含能量低，且适口性好，是鸭的常用饲料；麦麸具有促生长效果，但粗纤维含量高，容积大，具有轻泻作用；日粮中用量不超过 15%，20 日龄前雏鸭中不宜添加
米糠	米糠成分随加工大米精白的程度而有显著差异，其特点是高纤维、高粗蛋白质、低容重、低能量，富含 B 族维生素，多含磷、镁和锰，少含钙，由于米糠含油脂较多，故久贮易变质，鸭应喂鲜米糠，饲料中用量不超过 10%

种类	饲料特性描述
块根块茎类	水分高（自然状况下 70%~90%）；干物质中淀粉含量高，粗纤维少，粗蛋白质低，缺乏钙、磷，维生素含量差异大，适口性好
包括马铃薯、甘薯、木薯、胡萝卜、南瓜等	种类不同，营养成分差异很大，其共同的饲用价值为：新鲜含水量高（75%~90%），干物质相对较低，低能值，低粗蛋白质（1%~2%），且品质较差，一半为非蛋白质含氮物。干物质中粗纤维含量低（2%~4%），粗蛋白质 7%~15%，粗脂肪低于 9%，无氮浸出物高达 67.5%~88.15%，且主要是易消化的淀粉和戊聚糖。经晾晒和烘干后能值高（代谢能 9.2~11.29 兆焦／千克），近似于谷物类籽实饲料。有机物消化率高达 85%~90%。钙、磷含量少，钾、氯含量丰富。由于含水量高，能值低，在规模化养殖中，使用较少；在饲料中适量添加，有利于降低饲料成本，提高生产性能和维护鸭体健康
油脂饲料	能值高，粗纤维、粗蛋白质、矿物质、维生素极低
油脂和脂肪含量高的原料	油脂含量高，能量高，发热量是碳水化合物或蛋白质的 2.25 倍；该类原料包括各种油脂（如豆油、玉米油、菜籽油、棕榈油等）和脂肪含量高的原料（如膨化大豆、大豆磷脂等）；脂肪饲料可作为脂溶性维生素的载体，还能提高日粮中的能量浓度，能减少料沫飞扬和饲料浪费。如添加大豆磷脂能保护肝脏，提高肝脏的解毒功能，保护黏膜的完整性，提高鸭体免疫系统活力和抵抗力；日粮中添加 3%~5% 的脂肪，可以提高雏鸭的日增重，保证蛋鸭夏季能量的摄入量和减少体增热，降低饲料消耗，但添加脂肪的同时要相应提高其他营养素的水平；脂肪易氧化，酸败和变质，需要定期测量酸价

2. 蛋白质饲料

蛋白质饲料是指干物质中粗蛋白质含量 ≥ 20%，粗纤维含量低于 18% 的饲料。根据其来源可分为植物性蛋白质饲料、动物性蛋白质饲料、单细胞蛋白质饲料和合成氨基酸四类（表 2-2）。

表2-2　常用蛋白质饲料的种类和特性

种类	饲料特性描述
植物蛋白	植物性蛋白质饲料包括豆科籽实、饼粕类及部分糟渣类饲料，其中豆科籽实和油科籽实——压榨提油后块状副产品称饼、浸提出油后的碎片状副产品称粕。该类饲料粗蛋白质含量高、氨基酸平衡、生物学价值高，粗脂肪饼类高于粕类，粗纤维低，矿物质钙少磷多，B族维生素含量丰富，但这类饲料往往含有一些抗营养因子，使用时应注意。一般在规模化蛋鸭养殖中常使用粕类
豆粕	豆粕（粗蛋白质含量达40%~50%）在全世界已成为其他蛋白质饲料的参照标准，氨基酸组成极好，赖氨酸含量高，蛋氨酸通常是唯一的限制性氨基酸，是鸭最好的植物性蛋白质饲料；大豆中含有多种有害物质（如胰蛋白酶抑制因子、皂角素、尿素酶和血球凝集素），但加工过程中的热处理会破坏这些有害物质；豆粕的蛋白质利用率受到加工温度和加工工艺的影响，加热不良豆粕中会含有多种有毒物质，影响蛋白质利用率；加热过度，又会破坏赖氨酸、精氨酸、色氨酸和组氨酸；豆粕中的碳水化合物不易消化（6%蔗糖、1%棉三糖、5%水苏四糖），一般在配合饲料中用量可占15%~25%
菜籽粕	以油菜籽经预压－浸提或压榨提法取油后的饲料用菜籽粕，粗蛋白质含量为35%~40%，粗纤维含量为12%，有机质消化率为70%；菜籽饼粕中的抗营养因子是：① 异硫氰酸酯：有辛辣味，严重影响菜籽饼的适口性；②噁唑烷硫酮是菜籽饼粕中的主要有毒成分，它能阻碍甲状腺素的合成；③ 菜粕中含有1.0%~1.5%芥子碱，芥子碱味苦，有鱼腥味，故饲喂初期适口性往往较差；在加工配合饲料中菜籽粕可代替部分豆粕，菜籽粕一般要经脱毒处理后才可以使用，用量在5%~10%，如果与棉仁饼配合使用效果较好
棉粕	以棉籽为原料，经脱壳或部分脱壳后再以压榨法取油后再经浸提所得的饲料用棉籽粕，在棉籽内，含有棉酚和环丙稀脂肪酸，棉酚与赖氨酸结合，抑制食欲和生长，低剂量的棉酚可使蛋黄蛋白褪色环丙稀脂肪酸使蛋清呈粉色，游离棉酚是细胞、血管和神经性的毒物，可刺激胃肠黏膜，引起胃肠炎，能损害心脏等器官因粗纤维含量高以及棉酚的潜在危害，使用量不能超过配合饲料的3%~5%

种类	饲料特性描述
花生粕	本以脱壳花生果为原料，经有机溶剂浸提取油或预压－浸提取油后所得饲料用花生粕。花生粕粗蛋白质含量略高于豆饼，为42%~48%，精氨酸和组氨酸含量高，蛋氨酸、赖氨酸和色氨酸含量低，适口性好于豆粕；但花生饼脂肪含量高，不耐贮藏，易染上黄曲霉而产生黄曲霉毒素。饲料中用量可占15%~20%，与豆粕配合使用效果较好
玉米蛋白粉	玉米除去淀粉、胚芽及玉米外皮后剩下的产品，但也可能包括浸渍物或玉米胚芽粕，这些部分的比例大小对玉米蛋白粉的外观色泽、蛋白质含量等影响很大。粗蛋白质含量高达40%~60%，赖氨酸低，叶黄素含量高达到300毫克/千克
芝麻饼	粗蛋白质40%左右，蛋氨酸含量高，严重缺乏有效赖氨酸；植酸含量高影响钙代谢，导致骨骼异常，并降低蛋壳品质；芝麻饼含脂肪多而不宜久贮，最好现粉碎现喂。芝麻饼适当与豆饼搭配喂鸭，能提高蛋白质的利用率，配合饲料中用量为5%~10%，如果超10%，应把钙提高0.2%
动物蛋白	动物性蛋白质饲料主要是水产品、肉类、乳和蛋品加工的副产品，还有屠宰场和皮革厂的废弃物及缫丝厂的蚕蛹等。营养特性是高粗蛋白、品质好、矿物质丰富、比例适当、B族维生素丰富、碳水化合物含量极少，不含粗纤维，消化率高，含一定的油脂，容易酸败影响品质，并容易被病原细菌污染
鱼粉	分进口和国产两种鱼粉，蛋白质含量高达45%~70%，赖氨酸和蛋氨酸含量高；钙磷含量高，比例好，磷的利用率高；鱼粉中含有脂溶性维生素，水溶性维生素中核黄素、生物素和维生素 B_{12} 的含量丰富，并含有未知生长因子；另外，鱼粉中含盐量高且价格较高，在蛋鸭日粮中的用量一般不超过5%；鱼粉脂肪含量高，在储存中因受热而发生酸败，所以要注意鱼粉的储存条件并不宜久储
肉骨粉	由动物下脚料及废弃屠体，经高温高压灭菌后的产品。因原料来源不同，骨骼所占比例不同，营养物质含量变化很大，粗蛋白质含量在20%~55%，蛋白质消化率高达80%，赖氨酸含量丰富，蛋氨酸和色氨酸较少，钙磷含量高，比例适宜；B族维生素含量丰富，但缺乏维生素A、维生素D、烟酸和泛酸等，肉骨粉易变质，不易保存，饲料中用量在5%左右
血粉	它是屠宰牲畜所得血液经干燥后制成的产品，含粗蛋白质80%以上，赖氨酸含量为6%~7%，但蛋氨酸和异亮氨酸含量较少，血粉中含铁多，钙、磷少，适口性差，日粮用量过多，易引起腹泻，日粮用量在1%~3%

（续表）

种类	饲料特性描述
羽毛粉	将洁净羽毛经蒸汽加压水解、干燥粉碎而成。水解羽毛粉含粗蛋白质80%~90%，但蛋氨酸、赖氨酸、色氨酸和组氨酸含量很低，胱氨酸含量高，营养价值极低；羽毛粉适口性差，日粮中一般不超过3%，使用时应该与其他动物性饲料配合使用，提高氨基酸的平衡性
蚕蛹粉	脂肪含量高，不耐贮藏，易酸败变质，影响肉、蛋品质；脱脂蚕蛹粉含粗蛋白质为60%~68%，蛋白品质好，蛋氨酸、赖氨酸、核黄素较高，是鸭的良好蛋白质饲料，在配合饲料中用量占5%左右
单细胞蛋白质饲料	它是利用各种微生物体制成的蛋白质饲料，包括酵母、非病原菌（益生菌、乳酸菌等）、原生动物及藻类。在饲料中应用最多的是酵母
酵母	粗蛋白质含量在40%~50%，蛋白质生物学价值优于植物蛋白，赖氨酸含量高，蛋氨酸含量低，B族维生素丰富，酵母味苦，适口性差，在日粮中的配比一般不超过5%
合成氨基酸	氨基酸按照饲料分类法属于蛋白质饲料，但生产上习惯称氨基酸添加剂，目前，饲料级氨基酸有蛋氨酸、赖氨酸、苏氨酸、色氨酸、谷氨酸和甘氨酸

3. 青绿饲料

青绿饲料是蛋鸭喜欢吃的饲料，饲喂一定量的青绿饲料会使抗病力增强、肉味鲜美、鸭蛋风味独特，在舍内规模化饲养中一般很少用。青绿饲料主要包括牧草类（紫花苜蓿、红三叶和白三叶、黑麦草、苦荬菜、聚合草、菊苣等）、叶菜类（青菜 白菜、通心菜、牛皮菜、甘蓝、菠菜及其他各种青菜、无毒的野菜等）、水生类（水花生、水葫芦、绿萍、水芹菜等）、根茎类（胡萝卜等）等青绿饲料和叶草粉（苜蓿草粉、槐叶粉和松针粉）饲料，具有来源广泛、成本低的优点。这类饲料的营养特点是：干物质中蛋白质含量高，品质好；钙含量高，钙、磷比例适宜；粗纤维含量低，消化率高，适口性好；胡萝卜素含量较多，某些B族维生素丰富，并含有一些微量元素，对于鸭的生长、产蛋、繁殖以及维持鸭体健康均有良好作用。喂青绿饲料应注意它的质量，以幼嫩时期或绿叶部分含维生素较多。饲用时应防止腐烂、变质、发霉等（防止有毒物质如氢氰酸、亚硝酸盐、农药中毒），并应注意两三种搭配喂给和定时驱虫，一般用量占精料的20%~30%。

4. 维生素饲料

它指由工业合成或提纯的维生素制剂，不包括富含维生素的天然青绿饲料，生产上习惯称为维生素添加剂。维生素是一类具有高度生物学活性的低分子有机化合物，在动物体内不提供能量也不作为动物体的结构物质，主要起着调节和控制肌体代谢的作用，多以辅酶或催化剂的形式参与代谢过程中的生化反应，保证细胞结构和功能的正常。鸭消化道短，体内合成的维生素很难满足需要，当维生素缺乏或吸收不良时，常会导致特定的缺乏症，引起鸭肌体内的物质代谢紊乱，甚至发生严重疾病，直至死亡。

维生素按其溶解性可分为脂溶性和水溶性两大类。脂溶性维生素可在体内蓄积，短时间饲料中缺乏，不会造成缺乏症。而水溶性维生素在鸭体内不能储存，需要经常由饲料提供，否则就容易引起缺乏症。鸭对维生素的需要量受多种因素的影响，环境条件、饲料加工工艺、储存时间、饲料组成、动物生产水平与健康状况等因素都会增大维生素的需要量，因此，维生素的实际添加量远高于饲料标准中列出的最低需要量。

5. 矿物质饲料

矿物质饲料是为了补充植物性和动物性饲料中某种矿物质元素的不足而利用的一类饲料（表2-3）。现已证明，鸭体内有22种具有营养生理功能的必需矿物元素；根据各种矿物质在鸭体内的含量可分为常量元素和微量元素，把占鸭体重0.01%以上的矿物元素称为常量元素（包括钙、磷、镁、钠、钾、氯、硫），占鸭体重0.01%以下的矿物元素称为微量元素（包括铁、锌、铜、锰、碘、硒、氟、钼、铬、硅、钒、砷、锡、镍）；矿物质不足或过量均会引起肌体代谢紊乱，因此，日粮中提供的矿物元素含量必须符合蛋鸭营养需要。

表2-3　常用矿物质饲料种类及特性

种类	饲料特性描述
钙、磷饲料	石粉、贝壳粉、蛋壳粉属钙源饲料。石粉价格便宜，钙含量高，无磷，但鸭吸收能力差；贝壳粉是最好的钙质矿物质饲料，钙含量高，容易吸收；蛋壳粉可自制，将各种蛋壳经水洗、煮沸、晒干后粉碎即成，吸收率较好。一般在鸭配合饲料中用量，育雏及育成阶段1%~2%，产蛋阶段5%~8%
磷源和钙、磷源饲料	只提供磷源的矿物质饲料主要有磷酸及其磷酸盐；提供钙、磷平衡饲料主要是骨粉和磷酸钙盐，骨粉是动物杂骨经热压、脱脂、脱胶后干燥、粉碎制成的，基本成分是磷酸钙，钙、磷比为2:1，是钙磷较平衡的矿物质饲料；磷酸钙盐是化工生产的无机磷源，使用时要注意其氟的含量，不宜超过0.2%。在配合饲料中用量可占1.5%~2.5%
食盐	食盐主要提供钠和氯，保证鸭体正常新陈代谢，还可增进鸭的食欲，鸭对食盐较敏感，过多易中毒，用量可占日粮的0.3%~0.5%。使用鱼粉时，应将鱼粉中盐含量计算在内，配方中氯化胆碱和赖氨酸盐酸盐中的氯必须予以考虑
微量元素矿物质饲料	蛋鸭对微量元素的需要量极小，生产上不能直接添加到日粮中，而应把微量元素化合物按照一定的比例和加工工艺配合成预混料再添加到日粮中。微量元素有多种形式，在配方前需要确定矿物元素的水合状态及化合物状态。目前，螯合微量元素已经在饲料中使用，具体使用效果还有待研究
沸石	俗称"卫生石"，是一种含水的硅酸盐矿物，在自然界中多达40多种。沸石中含有磷、铁、铜、钠、钾、镁、钙、银、钡等20多种矿物质元素，是一种质优价廉的矿物质饲料，配合饲料中用量可占1%~3%，还可以降低鸭舍内有害气体含量，保持舍内干燥

6. 饲料添加剂

饲料添加剂是指那些在常用饲料之外，为某种特殊目的而加入配合饲料中的少量或微量的物质。饲料添加剂包括营养性添加剂和非营养性添加剂，这里所述的是非营养添加剂（表2-4）。

表 2-4　饲料添加剂的种类及特性

种类	饲料特性描述
酶制剂	饲料中添加酶制剂，可以提高营养物质的消化率，改善饲料报酬。在生产中应用的酶制剂分两类：一类是单一酶制剂，如蛋白酶、淀粉酶、脂肪酶、纤维素酶和植酸酶等；另一类是复合酶制剂，复合酶制剂是由一种或几种单一酶制剂为主体，加上其他单一酶制剂混合而成，或者由一种或几种微生物发酵获得。复合酶制剂可以同时降解饲料中多种需要降解的底物（多种抗营养因子和多种养分），可最大限度地提高饲料的营养价值
微生态制剂	它是将动物体内的有益微生物经过人工筛选培育，再经过现代生物工程工厂化生产，专门用于动物营养保健的活菌制剂
低聚糖	它是由 2~10 个单糖通过糖苷键连接成直链或支链的小聚合物的总称。它们不仅具有低热、稳定、安全、无毒等良好的理化特性，而且由于其分子结构的特殊性，饲喂后不能被人和单胃动物消化道的酶消化利用，也不会被病原菌利用，而直接进入肠道被乳酸菌、双歧杆菌等有益菌分解成单糖，再按糖酵解的途径被利用，促进有益菌增殖和消化道的微生态平衡，对大肠杆菌、沙门氏菌等病原菌产生抑制作用
糖萜素	糖萜素是从油茶饼粕和菜籽饼粕中提取的，由 30% 的糖类、30% 的萜皂素和有机酸组成的天然生物活性物质。它可促进畜禽生长，提高日增重和饲料转化率，增强肌体的抗病力和免疫力，并有抗氧化、抗应激作用，降低畜产品中锡、铅、汞、砷等有害元素的含量，改善并提高畜产品色泽和品质
抗生素类	预防鸭的某些细菌性疾病，或处于逆境，或环境卫生条件差时，加入一定量的抗生素添加剂有良好效果。目前国家仍允许添加的常用抗生素有杆菌肽锌、北里霉素、金霉素、土霉素等。但提倡逐步少用，直至不用
中草药饲料添加剂	抗生素的药物残留问题越来越受到关注，许多抗生素被禁用或限用。中草药饲料添加剂毒副作用小，不易在产品中残留，且具有多种营养成分和生物活性物质，兼具有营养和防病的双重作用。其天然、多能、营养的特点，可起到增强免疫作用、激素样作用、维生素样作用、抗应激作用、抗微生物作用等
大蒜素	用于饲料添加剂的有大蒜粉和大蒜素，有诱食、杀菌、促生长、提高饲料利用率和畜产品品质的作用
驱虫保健剂	主要指一些抗球虫、绦虫和蛔虫等药物。目前常用的有磺胺类、氨丙啉、氯苯胍、敌菌净、盐霉素钠、地克珠利等

（续表）

种类	饲料特性描述
抗氧化剂	饲料存放过程中脂肪易氧化变质，即影响饲料的适口性，又降低饲用价值，甚至还会产生毒素，所以，长期贮存饲料，必须加入抗氧化剂。抗氧化剂种类很多，目前常用的抗氧化剂多由人工化学合成，如二羟吡啶、二丁基羟基甲苯（简称BHT）、乙氧基喹啉（又称乙氧喹、山道喹）、丁羟基茴香醚（简称BHA）等，抗氧化剂在配合饲料中的添加量为0.01%~0.05%
防霉剂	霉变饲料，不仅适口性差，而且降低饲料的营养价值，还会引起动物中毒，因此在储存的饲料中应添加防霉剂。防霉剂种类很多，如丙酸、丙酸钠、丙酸钙、丁酸、乳酸、苯甲酸、柠檬酸、山梨酸及相应酸的有关盐
其他添加剂	有调味剂（如糖精、谷氨酸钠、乳酸乙酯、葱油、茴香油、花椒油、柠檬酸等）、着色剂（如叶黄素、核黄素）

二、主要饲料原料选择的质量标准

构成配合饲料的原料质量决定了配合饲料的质量，直接影响到蛋鸭的健康、生产性能发挥和禽蛋质量。应该根据质量标准选择优质原料配制日粮。

1. 玉米

质量较好的玉米，其感官性状：籽粒饱满，整齐均匀，玉米色泽呈黄色或浅黄色，无发酵、霉变及异味异嗅。玉米的质量指标见表2-5。

表2-5　玉米的质量指标

质量指标	等级 一级（优等）	二级（中等）	三级
水分（%）	≤ 13.0	≤ 14.0	≤ 15.0
粗蛋白质（%）	≥ 8.0	≥ 7.5	≥ 7.0
杂质（%）	≤ 0.5	≤ 0.5	≤ 0.6
容重（克/升）	≥ 710	≥ 700	≥ 685

（续表）

等级 质量指标	一级（优等）	二级（中等）	三级
不完善粒（%）	≤ 5.0	≤ 5.0	≤ 5.0
坏死粒和霉变粒（%）	乳猪 ≤ 1.0 猪料 ≤ 2.0 鸭料 ≤ 4.0		
黄曲霉毒素 B_1（微克 / 千克）	≤ 50.0	≤ 50.0	≤ 50.0
粗纤维	≤ 0.2%		

注：容重为玉米籽粒在单位容积内的质量，以克 / 升（g/L）表示。不完善粒为包括虫蚀粒、病斑粒、破损粒、生芽粒、生霉粒、热损伤粒、未成熟粒。玉米各项质量指标含量均以 86 % 干物质为基础。低于三级者为等外品

2. 小麦

感官性状：籽粒饱满整齐，色泽新鲜一致，呈黄褐色或浅褐色，无发酵、霉变、结块及异味异嗅，无掺杂掺假，虫蛀等（表2-6）。

表2-6　小麦的质量指标

等级 质量指标	一级（优等）	二级（中等）	三级
水分（%）	≤ 12.0	≤ 12.5	≤ 13.5
杂质（%）	≤ 1.0	≤ 1.0	≤ 1.0
粗蛋白质（%）	≥ 13.0	≥ 12.0	≥ 10.0
粗纤维（%）	≤ 2.0	≤ 3.0	≤ 3.5
粗灰分（%）	≤ 2.0	≤ 2.0	≤ 3.0
容重（克 / 升）	≥ 770	≥ 750	≥ 730

3. 次粉

感官性状：饲用次粉为白色或浅褐色，细粉状，色泽新鲜一致，有面粉香甜味。全部通过 40 目筛，流动性好，无掺杂、掺假，无发酵、霉变、结块及异味异嗅等（表2-7）。

表2-7 次粉的质量指标

质量指标＼等级	A 级	B 级	C 级
水分（％）	≤ 11.0	≤ 12.0	冬季≤ 14.5；其他≤ 13.5
粗蛋白质（％）	≥ 15.0	≥ 14.0	≥ 13.5
粗纤维（％）	≤ 3.5	≤ 4.0	≤ 5.0
粗灰分（％）	≤ 2.0	≤ 2.5	≤ 3.5

4. 小麦麸

感官性状：本标准适用于饲料用以白色硬质、白色软质、红色硬质、红色软质、混合硬质、混合软质等各种小麦为原料，以常规制粉工艺所得副产物中的饲料用小麦麸。饲用小麦麸为浅褐色，细碎屑状，色泽新鲜一致，有面粉香甜味。无掺杂、掺假，无发酵、霉变、结块及异味异嗅等。手握不成团，撒手即散（表2-8）。

表2-8 小麦麸的质量标准

质量指标＼等级	A 级	B 级	C 级
水分（％）	≤ 11.0	≤ 13.0	冬季≤ 15.0；其他≤ 14.0
粗蛋白质（％）	≥ 16.0	≥ 15.0	≥ 14.0
粗纤维（％）	≤ 9.0	≤ 10.0	≤ 11.0
粗灰分（％）	≤ 4.0	≤ 5.0	≤ 6.5

5. 全脂米糠

感官性状：本品呈淡黄灰色、淡褐色或乳白色的粉状，色泽新鲜一致，无酸败、霉变、结块、虫蛀及异味异臭。无掺杂掺假，不能含有过多的稻壳，脂肪含量不能过高，以免氧化变质（表2-9）。

表2-9 全脂米糠的质量指标

质量指标＼等级	A 级	B 级	C 级
水分（％）	≤ 11.0	≤ 12.0	≤ 13.0

（续表）

质量指标 \ 等级	A 级	B 级	C 级
粗蛋白质（%）	≥ 13.0	≥ 11.0	≥ 10.0
灰分（%）	≤ 7.5	≤ 8.5	≤ 10.0
粗纤维（%）		≤ 9.0	
粗脂肪（%）		≥ 11.0	

6.豆粕

感官性状：淡黄色或黄褐色不规则的碎片状，色泽均匀一致，无豆腥味，具有大豆粕油香味。无掺杂、掺假，无发酵、霉变、结块及异味异嗅等。若加热过度，色泽会变深，口尝时无焦糊味。若掺入玉米和小麦，首先外观不同，其次，做碘试验时，淀粉与碘变蓝色（表2-10）。

表 2-10　豆粕的质量指标

质量指标 \ 等级	A 级	B 级	C 级
水分（%）	≤ 12.0	≤ 13.0	≤ 14.0
粗蛋白质（%）	≥ 44.0	≥ 43.0	≥ 41.5
粗灰分（%）	≤ 6.0	≤ 7.0	≤ 8.0
粗纤维（%）		≤ 5.0	
尿酶活性（%）		≤ 0.4	
蛋白溶解度（%）		75~85	

7.菜籽粕

感官性状：为黄褐色、浅褐色或金黄色，小碎片状或粗粉状，具有菜籽粕油香味。无掺杂、掺假，无虫蛀，无发酵、霉变、结块及异味异嗅等（表2-11）。

表 2-11　菜籽粕的质量指标

质量指标 \ 等级	A 级	B 级	C 级
水分（%）	≤ 11.0	≤ 12.0	≤ 13.0
粗蛋白质（%）	≥ 37.0	≥ 36.0	≥ 35.0
粗灰分（%）	≤ 8.0	≤ 9.0	≤ 11.0
粗纤维（%）	≤ 13.0	≤ 14.0	≤ 15.0

注：菜籽饼粕中的抗营养因子是①异硫氰酸酯为有辛辣味，严重影响菜籽饼的适口性，应少于 4 000 毫克 / 千克；②噁唑烷硫酮是菜籽饼粕中的主要有毒成分，它能阻碍甲状腺素的合成，应少于 1 000 毫克 / 千克；③菜粕中含有 1.0%~1.5% 芥子碱，芥子碱味苦，有鱼腥味，故饲喂初期适口性往往较差

8. 棉粕

感官性状：黄褐色、棕褐色（青绿色棉粕拒用）粗粉状或粗粉状夹杂小颗粒，具有棉籽粕油香味。无掺杂、掺假，无发酵、霉变、结块及异味异嗅等。若加热过度或贮存太久，色泽加深（表 2-12）。

表 2-12　棉粕的质量指标

质量指标 \ 等级	A 级	B 级	C 级
水分（%）	≤ 11.0	≤ 12.0	≤ 13.5
粗蛋白质（%）	≥ 43.0	≥ 40.0	≥ 39.0
粗纤维（%）	≤ 10.0	≤ 12.0	≤ 13.0
粗灰分（%）	≤ 6.0	≤ 7.0	≤ 8.0
棉绒	不易见	较少	少许

注：棉粕饼粕中游离棉酚是细胞、血管和神经性的毒物，可刺激胃肠黏膜，引起胃肠炎，能损害心脏等器官。含量应 ≤ 437 毫克 / 千克

9. 花生粕

感官性状：为浅褐色或深褐色，碎屑状，色泽新鲜一致，具有淡淡的花生油香味，不可有发酸、长霉或烧焦的味道。无掺杂、掺假，无发酵、霉变、虫蛀、结块及异味异嗅等（表 2-13）。

表 2-13　花生粕的质量指标

质量指标＼等级	A 级	B 级	C 级
水　分（％）	≤ 11.0	≤ 12.0	≤ 13.0
粗蛋白质（％）	≥ 47.0	≥ 46.0	≥ 44.0
粗灰分（％）	≤ 6.0	≤ 7.0	≤ 9.0
粗纤维（％）		≤ 9.0	

10. 玉米蛋白粉

感官性状：为金黄色，粉状，色泽新鲜一致，具有玉米发酵香味，无酸败、无臭味，无掺杂、掺假、霉变、结块及异味异嗅等。干燥过度或储存过长则颜色偏黑（表 2-14）。

表 2-14　玉米蛋白粉的质量指标

质量指标＼等级	A 级	B 级	C 级
水　分（％）	≤ 10.0	≤ 10.0	
粗蛋白质（％）	≥ 60.0	≥ 60.0	
粗纤维（％）	≤ 2.5	≤ 2.5	≤ 2.5
粗灰分（％）	≤ 2.5	≤ 3.0	≤ 3.5

注：玉米蛋白粉根据品质不同，蛋白质含量不同，分别有 50％、55％、58％、60％不等

11. 鱼粉

感官性状：特等品色泽黄棕色、黄褐色等，组织膨松，纤维状组织明显无结块，无霉变，气味有鱼香味，无焦灼味和油脂酸败味；一级品色泽黄棕色、黄褐色等，较膨松，纤维状组织较明显，无结块无霉变，气味有鱼香味，无焦灼味和油脂酸败味；二级和三级品松软粉状物，无结块、无霉变，具有鱼腥正常气味，无异臭、无焦灼味。鱼粉中不允许添加非鱼粉原料的含氮物质，诸如植物油饼粕、皮革粉、羽毛粉、尿素、血粉等。亦不允许添加加工鱼粉后的废渣。鱼粉的卫生指标应符合 GB 13078—2001《饲料卫生标准》的规定，鱼粉中不

得有虫寄生。鱼粉中金属铬（以 6 价铬计）允许量小于 10 毫克 / 千克（表 2-15）。

表 2-15　鱼粉的质量指标

质量指标 \ 等级	特级品	一级品	二级品	三级品
粗蛋白质（%）	≥ 65	≥ 60	≥ 55	≥ 50
粗脂肪（%）	≤ 8	≤ 10	≤ 12	≤ 12
水分（%）	≤ 9	≤ 10	≤ 11	≤ 12
粗灰分（%）	≤ 15	≤ 16	≤ 20	≤ 25
沙分（%）	≤ 2	≤ 3	≤ 3	≤ 4
盐分（%）	≤ 2	≤ 3	≤ 3	≤ 4
粉碎粒度	至少 98% 能通过筛孔为 2.80 毫米的标准筛			

12. 肉骨粉

感官性状：为金黄色直至淡褐色或深褐色，含脂肪量高或过热时色深，粉状，新鲜的烤肉香味，色泽新鲜一致。无酸败、无臭味，无掺杂、掺假、霉变、结块及异味异嗅等（表 2-16）。

表 2-16　肉骨粉的质量指标

质量指标 \ 等级	A 级	B 级	C 级
水分（%）	≤ 9.0	≤ 10.0	≤ 11.0
粗蛋白质（%）	≥ 55.0	≥ 50.0	≥ 45.0
粗灰分（%）	≤ 28.0	≤ 32.0	≤ 35.0
钙（%）	钙 ≥ 8.0		
磷（%）	磷 ≥ 4		
粗脂肪（%）	9~12		
酸价（毫克氢氧化钾 / 克）	≤ 7.0		

第二节　蛋鸭全价饲料的配制

一、蛋鸭的饲养标准（营养需要标准）

随着规模化、标准化蛋鸭业的发展，为了合理的饲养鸭群，在满足其营养需要，充分发挥它们生产性能的同时，又要降低饲料消耗，获得效益最大化，必须对不同品种、不同日龄的蛋鸭各种营养物质需要量，科学地规定一个标准，这个标准就是蛋鸭饲养标准。饲养标准是根据科学试验和生产实践经验多次试验和反复验证总结制定的，有了饲养标准，可以避免实际饲养中的盲目性，对饲粮中的各种营养物质能否满足鸭的需要，与需要量相比有多大差距，可以做到胸中有数，不致于因饲粮营养指标偏离鸭的需要量或比例不当而降低鸭的生产水平。因此，具有普遍指导意义。但是在生产实践中不应把营养标准看作是一成不变的规定，因为蛋鸭的营养需要受到诸多因素的影响，如生产环境（外界大环境和饲养小环境）、生产水平、生理状态、遗传因素、疾病等等，所以在生产实践中应把饲养标准作为指南参考，因地制宜，灵活加以应用。

饲养标准种类很多，大致可以分两类。一类是国家标准，即国家颁布和规定的饲养标准。如美国 NRC 饲养标准、英国 ARC 饲养标准、日本家禽饲养标准，我国也制订了中国家禽饲养标准。另一类是专用标准，即大型育种公司根据各自培育的品种或品系的特点、生产性能以及饲料、环境条件变化，制定的符合该品种或品系营养需要的饲养标准。按照这一饲养标准进行饲养，便可达到该公司公布的某一优良品种的生产性能指标。在购买各品种雏鸭时索要饲养管理指导手册，按手册上的要求配制饲粮，从国外引进品种时应包括这方面资料。

蛋鸭的饲养标准中主要包括能量、蛋白质、必需氨基酸、矿物质和维生素等多项指标，每项营养指标都有其特殊的营养作用，缺少、不足或超量可能对鸭产生不良影响。能量的需要量以代谢能表示；蛋白质的需要量以粗蛋白质表示，同时标出必需氨基酸的需要量，以便配合全价料时使氨基酸得到平衡。配合日粮时，维生素是按最低需要量制定的，在实际生产中为发挥蛋鸭的最佳生产性能和遗传潜力，维生素的需要量远高于最低需要量称为最适需要量，故此，在实际应用中，维生素的添加量往往在最适需要量的基础上再加一个保险系数（安全系数），以确保蛋鸭获得定额的维生素并在体内足额储存，这一添加量一般叫供给量。

下面列出我国参照国外标准和借用肉鸡标准制定的蛋鸭饲养标准（表 2-17、表 2-18、表 2-19）；另外，也有一些不同品种鸭的营养标准（表 2-20、表 2-21）。

表 2-17　生长鸭配合饲料（GB 8962—1988）

饲养阶段	代谢能		粗蛋白质（%）	粗纤维（%）	粗灰分（%）	钙（%）	磷（%）	食盐（%）
	（千卡/千克）	（兆焦/千克）						
0~3 周龄	≥ 2.75	≥ 11.5	≥ 18	≤ 6	≤ 8	0.8~1.2	0.6~0.9	0.2~0.4
4~8 周龄	≥ 2.75	≥ 11.5	≥ 16	≤ 6	≤ 9	0.8~1.2	0.6~0.9	0.2~0.4
9 周龄至开产	≥ 2.60	≥ 10.8	≥ 14	≤ 7	≤ 10	0.8~1.2	0.6~0.9	0.2~0.4

表 2-18　产蛋鸭、种鸭配合饲料（GB 8963—1988）

饲养阶段	代谢能		粗蛋白质（%）	粗纤维（%）	粗灰分（%）	钙（%）	磷（%）	食盐（%）
	（千卡/千克）	（兆焦/千克）						
高峰期	≥ 2.70	≥ 11.3	≥ 17	≤ 6	≤ 12	2.5~3.5	0.5~0.8	0.2~0.4
后期	≥ 2.65	≥ 11.1	≥ 15	≤ 6	≤ 13	2.5~3.5	0.5~0.8	0.2~0.4

表 2-19 蛋用鸭的饲养标准

营养成分	蛋用鸭		
	雏鸭	育成鸭	产蛋期
代谢能（兆焦/千克）	11.72	10.88	11.72
粗蛋白质（%）	20	15	18
钙（%）	1.0	0.6	3.25
磷（%）	0.6	0.6	0.6
食盐（%）	0.3	0.3	0.3
蛋氨酸（%）	0.3	0.3	0.3
蛋氨酸+胱氨酸（%）	0.5	0.5	0.7
赖氨酸（%）	0.7	0.7	0.9
色氨酸（%）	0.24	0.24	0.26
维生素 A（国际单位）	4000	4000	5400
维生素 D（国际单位）	220	220	500
维生素 E（毫克）	6	6	8
核黄素（毫克）	4	2	4
泛酸（毫克）	11	11	10
烟酸（毫克）	55	50	40
吡哆醇（毫克）	2.6	2.6	3.0

表 2-20 樱桃谷鸭的饲养标准

项目	蛋用种鸭		
	雏鸭 （0~4 周龄）	育成鸭 （5~24 周龄）	产蛋期 （25 周至淘汰）
代谢能（兆焦/千克）	13.00	12.67	12.00
粗蛋白质（%）	22	16	18
钙（%）	0.8~1.0	0.6~1.0	2.75~3.0
磷（%）	0.55	0.35	0.46
食盐（%）	0.3	0.3	0.3
蛋氨酸（%）	0.5	0.34	0.39
蛋氨酸+胱氨酸（%）	0.82	0.57	0.66
赖氨酸（%）	1.23	0.73	0.96
色氨酸（%）	0.28	0.18	0.22
苏氨酸（%）	0.92	0.64	0.75
亮氨酸（%）	1.96	1.54	1.66
异亮氨酸（%）	1.11	0.72	0.86
苯丙氨酸（%）	1.12	0.79	0.9
精氨酸（%）	1.53	1.03	1.2
甘氨酸+丝氨酸（%）	2.4	1.68	2.0

表 2-21　蛋用番鸭的饲养标准

营养成分	0~3 周龄	4~8 周龄	9~24 周龄	25~26 周龄	27 周以后
代谢能（兆焦/千克）	12.13~12.34	11.51~11.92	11.3~11.92	11.3~11.72	11.72~12.13
粗蛋白质（%）	20.0	17~19	14~16.0	14~16.0	16.5~18.0
蛋氨酸（%）	0.50	0.40	0.3	0.30	0.40
赖氨酸（%）	0.85	0.70	0.60	0.60	0.70
蛋氨酸 + 胱氨酸（%）	1.00	0.80	0.65	0.70	0.80
苏氨酸（%）	0.75	0.60	0.45	0.45	0.60
色氨酸（%）	0.23	0.16	0.16	0.16	0.17
粗纤维（%，最高值）	4.00	5.0	6.00	6.00	6.00
脂肪（%，最高值）	4.00	4.00	4.00	4.00	5.00
矿物质（%）	6.5	6.00	7.00	7.00	11.00
钙（%）	1.00~1.20	0.8~0.9	10~1.2	1.00~1.20	3.0~3.20
有效磷（%）	0.4~0.50	0.4~0.45	0.35~0.45	0.35~0.45	0.30~0.04
维生素 A（国际单位/千克）	13500	13500	13500	15000	15000
维生素 D_3（国际单位/千克）	3000	3000	3000	3000	3000
维生素 E（毫克/千克）	20	20	20	20	20

二、蛋鸭的日粮配合方法

　　所谓日粮，是指满足 1 只鸭 1 昼夜所需各种营养物质而采食的各种饲料总量；把日粮中各种原料组分换算成百分含量，并按这一百分比配制成能满足一定生产水平群饲鸭营养需要的大量混合饲料称为饲粮；依据饲粮中各饲料原料组分的百分比构成就称为饲料配方。设计饲料配方时既要考虑鸭的营养需要和生理特点，又要合理地利用各种饲料资源，最终获得最佳的饲养效果和经济效益的饲料配方。

　　1. 配合日粮的原则

　　（1）符合鸭的营养需要　配合日粮时，首先明确饲养鸭的品系、

48

品种，选用合适的饲养标准作为依据（表2-22）。优先满足能量需要，在此基础上，还要注意蛋白质等营养素的含量。其次，鸭的营养需要是个极其复杂的问题，饲料的品种、产地、保存好坏会影响饲料的营养含量，鸭的品种、类型、饲养管理条件等也能影响营养的实际需要量，温度、湿度、有害气体、应激因素、饲料加工调制方法等也会影响营养的需要和消化吸收，因此，在生产中原则上既要按饲养标准配合日粮，也要根据实际情况作适当的调整。最后，配合日粮时，尽量使饲料原料多样化，这样有利于充分发挥各种饲料中营养的互补作用，提高日粮的消化率和营养物质的利用率。特别是蛋白质饲料，选用2~3种，通过合理的搭配以及氨基酸、矿物质、维生素的添加，既能满足鸭的全部营养需要，又能降低饲料价格。

表2-22　鸭常用饲料原料在鸭各生长阶段配合饲料中的大致比例（单位：%）

饲料	育雏期	育成期	产蛋期	肉用商品鸭
谷实类	65	60	60	50~70
玉米	35~65	35~60	35~60	50~70
小麦	5~10	5~10	5~10	10~20
大麦	5~10	10~20	10~20	1~5
高粱	5~10	15~20	5~10	5~10
碎米	10~20	10~20	10~20	10~30
植物蛋白类	25	15	20	35
豆粕	10~25	10~15	10~15	20~35
花生粕	2~4	2~6	5~10	2~4
棉（菜）籽粕	3~6	4~8	3~6	2~4
芝麻饼	4~8	4~8	3~6	4~8
动物蛋白类	10以下			
粗饲料	优质苜蓿草粉5左右			
糠麸类	5以下	10~30	5以下	10~20
青绿青贮类	按日采食量的10~30			
矿物类	1.5~2.5	1~2	6~9	1~2

（2）符合鸭的生理消化特点　配合日粮时饲料原料的选择，既能满足鸭的全部营养需要，又要与鸭的生理消化特点相适应（如雏鸭，消化道容积小，消化酶含量少，消化能力弱，应当不用或少用不易消

化吸收的杂粮和其他非常规饲料原料；育成鸭的采食增大，消化能力增强，可以增加糠麸类的用量，也可使用一些杂粮来降低饲料成本)，包括饲料容重、粗纤维（不超过6%为宜）、具有良好的适口性、稳定性（日粮的营养含量和所用的饲料种类保持相对稳定，否则，容易引起鸭消化不良、应激，影响正常的生产)。

（3）符合饲料卫生质量标准　饲料安全关系到食品安全和人民健康，关系到鸭群健康。所以，饲料中含有的有毒物质、细菌总数、霉菌总数、重金属盐等必须控制在安全允许的范围内。

（4）符合经济原则　在养鸭生产中，饲料费用占很大比例，一般要占养鸭成本的70%~80%。因此，配合日粮时，充分利用饲料的替代性，因地制宜，选用营养丰富、价格低廉的饲料原料来配合日粮，以降低生产成本，提高经济效益。

2.蛋鸭配合日粮的特点

各品种鸭的营养需要基本相同，与鸡比较相差也不大，尤其是引进的高产品种，如康贝尔鸭、狄高鸭等，需要较高的营养。设计蛋鸭饲料配方时可参考蛋鸡的配方程序，但鸭的配方原料的选择比鸡宽一些，如次级的咸、淡鱼粉、糠麸等农副产品可以喂鸭。我国地方品种鸭较耐粗饲，生长阶段可以采食水生动物，成鸭可以放牧与补饲相结合。用于填饲育肥的品种如北京鸭，在肥育期则以玉米为主，配给少量的蛋白质和维生素添加剂即可。

3.蛋鸭配合日粮的方法

蛋鸭日粮配合的方法很多，有电算法和手算法。

（1）电算法　就是利用电脑软件技术设计出全价、低成本的饲料配方，但运用电脑的有关人员必须掌握动物营养与饲料科学知识，才能使配方更科学、更完美。

（2）手算法　有试差法、联合方程法、十字交叉法、四角形法、线性规划法等。其中，试差法又称凑数法是目前较普遍采用的方法，具体做法如下。

①根据饲养标准初步拟出各种原料的大致比例。

②用各自比例去乘该原料的各种营养成分的百分含量。

③将各种原料的同种营养成分之积相加，即得到该配方的每种

营养成分的总量。

④ 将所得结果与饲养标准进行对比，不足或超出的营养成分，通过增加或减少相应的原料比例进行调整和计算，直至所有的营养指标都基本满足要求为止。这种方法简单易学，但计算量大，烦琐，不易筛选出最佳配方。现举例说明：用玉米、豆粕、棉籽粕、菜籽粕、骨粉、石粉、食盐、蛋氨酸、赖氨酸、维生素和微量元素添加剂设计蛋鸭全价饲料配方。

计算步骤如下。

第一步，选择饲养标准，根据饲料原料成分表查出所用原料的营养成分含量（表 2-23，表 2-24）。

表 2-23 蛋鸭产蛋期营养标准

营养标准	代谢能（兆焦/千克）	粗蛋白质（%）	钙（%）	磷（%）	蛋氨酸（%）	赖氨酸（%）	蛋氨酸+胱氨酸（%）	食盐（%）
含量	11.72	18	3.25	0.60	0.30	0.9	0.70	0.30

表 2-24 各种饲料营养成分含量

种类	代谢能（兆焦/千克）	粗蛋白质（%）	钙（%）	磷（%）	蛋氨酸（%）	赖氨酸（%）	蛋氨酸+胱氨酸（%）
玉米	14.06	8.6	0.04	0.21	0.13	0.27	0.31
豆粕	11.05	43	0.32	1.50	0.48	2.54	1.08
棉籽粕	8.16	33.8	0.31	0.64	0.36	1.29	0.74
菜籽粕	8.46	36.4	0.73	0.95	0.61	1.23	1.48
骨粉			36.4	16.4			
石粉			35.0				

第二步，试拟饲料比例、制定配方。根据蛋鸭饲养标准，能量饲料占 50%~70%（用玉米来平衡），蛋白质饲料占 25%~30%（用豆粕、棉粕、菜粕来平衡，棉粕和菜粕含有抗营养因子总用量不能超过 10%），矿物质饲料占 3%~10%，添加剂饲料占 0~3%。试拟配方和

计算结果（表2-25）。

表2-25　试拟配方及配方中营养成分

饲料	组成比例（%）	代谢能（兆焦/千克）	粗蛋白质（%）	钙（%）	磷（%）	蛋氨酸（%）	赖氨酸（%）	蛋氨酸+胱氨酸（%）
玉米	60	8.436	5.16	0.024	0.128	0.079	0.165	0.189
豆粕	25	2.763	10.75	0.008	0.375	0.12	0.635	0.27
棉籽粕	3	0.245	1.014	0.009	0.019	0.011	0.039	0.022
菜籽粕	3	0.254	1.092	0.022	0.029	0.018	0.037	0.044
合计	91	11.698	18.016	0.063	0.551	0.228	0.876	0.525
标准	100	11.72	18.00	3.5	0.6	0.39	0.85	0.72
相差	-10	-0.022	+0.016	-3.437	-0.049	-0.162	0.026	0.195

第三步，调整配方，使各种营养物质符合营养标准。通过表2-24的计算得知，能量比标准少0.022兆焦/千克，蛋白质多0.016%，与标准接近，可以不做调整；钙比标准低3.437%，磷低0.049%。因骨粉中含有钙和磷，所以先用骨粉满足钙和磷。增加0.049%的磷需要添加骨粉0.29%（0.049÷16.4）；0.29%的骨粉可以提供钙0.106%的钙，饲粮中还差3.331%的钙，用石粉来补充，需要添加石粉9.5%。蛋氨酸与标准差0.162%，补充0.162%蛋氨酸。赖氨酸和蛋氨酸+胱氨酸比标准多，可以满足需要。维生素和微量元素预混剂添加0.25%，食盐添加0.37%，则配方的总百分比是101.57%，多出1.57%，可以在玉米中减去0.9%，棉粕中减去0.67%。一般能量饲料调整不大于1%的情况下，日粮中的能量、蛋白质指标引起的变化不大，可以忽略。配方中蛋白质、赖氨酸、蛋+胱氨酸含量高出标准，棉粕减去0.67%，对配方影响不大。

第四步，列出配方。饲料配方为：玉米59.1%、豆粕25%、棉粕2.33%、菜粕3%、骨粉0.29%、钙粉9.5%、食盐0.37%、蛋氨酸0.162%、维生素和微量元素添加剂0.25%，合计100%。

三、蛋鸭实用饲料配方

常用蛋鸭实用饲料配方见表 2-26、表 2-27 和表 2-28，仅供参考。

表 2-26　蛋鸭饲料配方　（%）

原料种类	0~2 周龄		3~8 周龄		9~20 周龄	
	1	2	1	2	1	2
玉米	36	36.6	40.0	40.0	37	39.9
大麦	19.0	0	18.3	0	11.0	0
稻谷	0	13.1	0	11.7	0	4.5
粗米	7.0	12.0	6.0	11.3	10	12.5
豆饼	17.3	7.0	10.3	0	6.5	0
花生饼	0	11.8	0	11.3	0	6.5
棉籽饼	0	0	4.0	4.0	3.0	3.5
菜籽饼	4.5	4.6	4.2	4.5	5.0	4.0
米糠	3.5	3.0	4.9	5.4	11.6	14.7
麸皮	6.0	5.0	6.7	6.1	13.4	11.9
鱼粉	5.0	5.0	4.0	4.0	0	0
骨粉	0.95	0	1.2	0	0.9	0.8
碳酸氢钙	0	0.8	0	0.8	1.1	1.2
石粉	0.35	0.7	0.1	0.6	0.2	0.2
食盐	0.2	0.2	0.2	0.2	0.2	0.2
预混料	0.2	0.2	0.1	0.1	0.1	0.1
代谢能（兆焦/千克）	11.51	11.51	11.51	11.51	11.3	11.3
粗蛋白质	20	20	18	18	15	15
钙	0.91	0.92	0.81	0.8	0.81	0.81
磷	0.46	0.46	0.46	0.45	0.46	0.54
赖氨酸	0.92	0.62	0.78	0.69	0.56	0.55
蛋＋胱氨酸	0.73	0.70	0.60	0.60	0.50	0.50

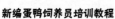

表 2-27　蛋鸭实用饲料配方　（%）

原料种类	0~6周龄		6~12周龄		12~18周龄		产蛋期	
	1	2	1	2	1	2	1	2
玉米	52.8	53.0	57.8	55.4	54.5	54.7	57.5	64.5
大麦	0	10	10	0	0	0	0	0
稻谷	7	0	0	12.4	15.4	15.4	10	0
豆粕	21.2	21.2	18.20	18.20	15.2	15.2	20.0	15.0
麸皮	5.4	5.4	0	0	0	0	0	0
棉籽粕	3.0	0	3	4	5	5.4	0	4.0
菜籽粕	4.0	4	5	5	3	3	0	4.0
石粉	0.8	0	1	0	1	0	4.2	4.2
磷酸氢钙	0	1.8	0	1.1	0	1.6	0	0
骨粉	2.2	0	1.6	0	1.3	0	1.0	1.0
贝壳粉	0	1	0	1.3	0	1.1	2.5	2.5
进口鱼粉	2.0	2	1.8	1	3	2.0	3.3	3.3
食盐	0.4	0.4	0.4	0.4	0.4	0.4	0.4	0.4
赖氨酸	0.1	0.1	0.1	0.1	0.1	0.1	0	0
蛋氨酸	0.1	0.1	0.1	0.1	0.1	0.1	0.1	0.1
添加剂	1.0	1.0	1.0	1.0	1.0	1.0	1.0	1.0
代谢能（兆焦/千克）	11.11	11.13	11.42	11.7	11.76	11.80	11.63	11.4
粗蛋白质	17.58	17.6	16.92	17.6	17.3	16.85	16.3	16.8
钙	1.1	0.97	0.98	0.9	0.94	0.96	2.9	2.94
有效磷	0.51	0.53	0.4	0.39	0.41	0.48	0.37	0.37
赖氨酸	0.98	0.98	0.99	0.9	0.96	0.92	0.85	0.81
蛋氨酸	0.41	0.41	0.4	0.41	0.43	0.4	0.4	0.42
蛋+胱氨酸	0.72	0.73	0.71	0.71	0.71	0.7	0.69	0.7

表 2-28　商品蛋鸭的饲料配方　（%）

原料种类	0~2周龄	3~8周龄	9~18周龄	产蛋中峰	产蛋高峰
玉米	60.0	58.44	53.67	51.90	59.80
麸皮	4.20	7.0	12.5	0	0
米糠	0	8.0	15.0	15.00	6.20
豆饼	22.6	14.5	6.6	11.40	12.10

54

原料种类	0~2 周龄	3~8 周龄	9~18 周龄	产蛋中峰	产蛋高峰
棉籽饼	3.0	4.0	4.0	4.0	4.00
菜籽饼	3.0	4.0	4.0	4.0	4.00
进口鱼粉	3.0	0	0	4.00	5.00
骨粉	2.20	2.0	2.00	1.60	1.50
石粉	0.70	0.70	0.90	6.80	6.00
食盐	0.30	0.30	0.30	0.30	0.30
蛋氨酸	0	0.06	0.03	0	0.10
添加剂	1.00	1.00	1.00	1.00	1.00
代谢能（兆焦 / 千克）	11.715	11.297	11.088	10.879	11.297
粗蛋白	18.0	16.0	14.00	16.5	17.00
钙	0.90	0.85	0.85	3.00	2.80
有效磷	0.44	0.35	0.035	0.40	0.38
赖氨酸	0.81	0.70	0.57	0.80	0.83
蛋氨酸	0.34	0.31	0.25	0.31	0.41
蛋 + 胱氨酸	0.66	0.61	0.51	0.60	0.70

第三节　蛋鸭饲料的安全控制

一、饲料的质量标准与饲料的质量鉴定

（一）饲料的质量标准

《生长鸭、产蛋鸭、肉用仔鸭配合饲料》（ SB/T 10262—1996 ）。

1. 技术要求

（1）感官要求　色泽一致，无发酵霉变、结块及异味、异臭。

（2）水分　北方不高于 14.0％；南方不高于 12.5％。符合下列情况之一时允许增加 0.5％ 的含水量：① 平均气温在 10℃ 以下的季节；② 从出厂到饲喂期不超过 10 天者；③ 配合饲料中添加有规定量的防霉剂（签中注明）。

（3）加工质量

①粉碎粒度（粉料）。a.后备鸭（前期）配合料99%通过2.8毫米编织筛，但不得有整粒谷物，1.40毫米编织筛筛上物不得大于15%；b.中后期料99%通过3.35毫米编织筛，但不得有整粒谷物；1.70毫米编织筛筛上物不得大于15%；c.产蛋鸭配合饲料全部通过4.00毫米编织筛，但不得有整粒谷物，2.00毫米编织筛筛上物不得大于15%。

②混合均匀度。配合饲料混合均匀，其变异系数（CV）应不大于10%。

2.营养成分（表2-29）

表2-29　配合饲料的营养成分

产品名称	适用饲喂期	粗脂肪≥（%）	粗蛋白质≥（%）	粗纤维≤（%）	粗灰分≤（%）	钙（%）	磷≥（%）	食盐（%）	代谢能≥（兆焦/千克）
生长鸭配合料	前期	2.5	18.0	6.0	8.0	0.80~1.50	0.60	0.30~0.80	11.51
	中期	2.5	16.0	6.0	9.0	0.80~1.50	0.60	0.30~0.80	11.51
	后期	2.5	13.0	7.0	10.0	0.80~1.50	0.60	0.30~0.80	10.88
产蛋鸭配合料	高峰期	2.5	17.0	6.0	13.0	2.60~3.60	0.50	0.30~0.80	11.51
	产蛋期	2.5	15.5	6.0	13.0	2.60~3.60	0.50	0.30~0.80	11.09

注：各项营养成分含量均以87.5%干物质为基础计算

3.标签、包装、运输、贮存

（1）标签　应符合GB 10648的要求，凡添加药物添加剂的饲料，在标签上应注明药物名称及含量。

（2）包装、运输、贮存　配合饲料包装、运输和贮存，必须符合保质、保量、运输安全和分类、分等贮存的要求，严防污染。

（二）饲料的质量鉴定

1.感官鉴定

它又称经验鉴定，是凭借人的五官来鉴定饲料质量的方法。

（1）视觉　观察饲料的形状、色泽、有无霉变、虫蛀、结块、异物、夹杂物等。

（2）嗅觉　通过嗅觉鉴别有无霉臭、发酵、腐败臭、氨臭、焦臭等异味。

（3）触觉　把饲料放在手上，指头捻动感觉粒度大小、硬度、黏稠度、有无夹杂物及水分多少等。

（4）味觉　通过舌舔或牙咬来检查饲料有无刺激的恶味、苦味或其他异味。

2．物理鉴定

一般借助于物理器械鉴定饲料中的异物或杂质。

（1）筛分法　根据饲料不同，采用不同孔径的筛子，测定混入的异物或大致粒度，采用 USA 筛可以准确测定饲料的粒度。用此种方法能分辨肉眼看不出来的异物。

（2）容重法　饲料有其固有的容重，测定饲料的容重，与标准容重比较，即可测出饲料中是否混有杂质或饲料的质量状况如何。

（3）比重法　应用比重不同的溶液，将饲料放入液体中，根据其沉浮情况来鉴别有无异物混入、异物的种类和大概比例。常用液体的比重有：甲苯（0.88）、蒸馏水（1.00）、氯仿（1.47）、四氯化碳（1.59）、三氯甲烷（2.90）等。

（4）镜检法　是利用显微镜观察饲料的外观、组织或细胞形态、色泽、硬度及其不同的染色特性等，并借助化学或其他分析方法来鉴定饲料原料种类及异物的方法。镜检的方法有 2 种，最常用的是立体显微镜，放大倍数在 7~40 倍，通过观察样品的外部特征进行鉴定；另一种是使用生物显微镜，放大倍数为 50~500 倍，可通过观察样品的组织结构和细胞形态进行鉴定。

3．化学鉴定

饲料中的水分、蛋白质、粗纤维、钙、磷、铁、铜、锰、脲酶活性、黄曲霉毒素等进行实验室测定，测定方法可按国家标准执行。

（1）定性分析　在饲料中加入适当的化学物质，根据所发生的颜色反应，或是有无气体、沉淀产生来判断其主要成分是什么，是否有异物。

（2）定量分析　常规饲料营养成分分析法。

4.物理化学鉴定法

此法是物理方法和化学方法结合鉴定饲料质量的一种方法。

5.微生物学鉴定法

根据饲料对微生物和对动物有相同影响的原理。从而可根据微生物对被检查饲料的反应，判断被检查饲料对动物的利用价值，或能否利用。

6.动物试验法

饲养试验，生长试验、消化、代谢试验，适口性试验及程度比较试验。均可直接判定出饲料质量优劣。

二、添加剂和动物源饲料的安全使用与监控

（一）添加剂的安全使用与监控

饲料添加剂涉及人们从食品到餐桌安全的大问题，故此，动物产品安全问题也日益表现的突出。主要表现在动物疫病病原体的污染以及抗生素残留、激素残留、微生物毒素残留、化学污染物残留，转基因饲料安全问题等。国家已出台了《饲料和饲料添加剂管理征求意见稿》，特别需要注意的是，在使用过程中过量使用饲料添加剂的问题。

1.饲料添加剂的分类

目前我国添加剂的分类方法很多，按其饲料添加剂的作用和性质，把饲料添加剂分类为营养性添加剂和非营养性添加剂。

（1）营养性类　补充饲料营养类。主要有氨基酸类、维生素类、矿物质元素类。

（2）非营养性类

① 主要包括抗球虫药类，驱虫药类，抑菌促生长剂类，中草药类，微生态制剂类，酶制剂类，维生素类，矿物质元素类（维生素与矿物质元素类，从营养角度亦属补充饲料营养类）。

② 改善饲料质量类。主要包括着色剂类，增香剂类，调味剂类，乳化、稳定剂类，抗结块剂类，黏结剂类，防霉剂类抗氧化剂类等。

2.饲料及添加剂的卫生标准

饲料卫生标准是1991年制订的，2001年进行了修订，它规定了饲料、饲料添加剂原料和产品中有害物质及微生物的允许量及其试验

方法，是强制实行标准（表2-30）。

表2-30　饲料、饲料添加剂的卫生标准

序号	卫生指标项目	产品名称	指标	试验方法	备注
1	砷（以总砷计）的允许量（毫克/千克）	石粉	≤ 2.0	GB/T 13079	不包括国家主管部门批准使用的有机砷制剂中的砷含量
		硫酸亚铁、硫酸镁磷酸磷	≤ 20		
		沸石粉、膨润土、麦饭石	≤ 10		
		硫酸铜、硫酸锰、硫酸锌、碘化钾、碘酸钙、氯化钴	≤ 5.0		
		氧化锌	≤ 10.0		
		鱼粉、肉粉、肉骨粉	≤ 10.0		
		家禽、猪配合饲料	≤ 2.0		
		猪、家禽浓缩饲料	≤ 10.0		以在配合饲料中20%的添加量计
		猪、家禽添加剂预混合饲料			以在配合饲料中1%的添加量计
2	铅（以Pb计）的允许量（毫克/千克）	生长鸭、产蛋鸭、肉鸭配合饲料	≤ 5.0	GB/T 13080	
		骨粉、肉骨粉、鱼粉、石粉	≤ 10		
		磷酸盐	≤ 30		
3	氟（DAF计）的允许量（毫克/千克）	鱼粉	≤ 50	GB/T 13080	高氟饲料用HG 2636—1994中4.4条
		石粉	≤ 2000		
		磷酸盐	≤ 1800	HG 2636	
		骨粉、肉骨粉	≤ 1800		以在配合饲料中1%的添加量计
		生长鸭、肉鸭配合饲料	≤ 200		
		产蛋鸭配合饲料	≤ 250	HG 2636	

（续表）

序号	卫生指标项目	产品名称	指标	试验方法	备注
4	霉菌的允许量/（每千克产品中霉菌数 ×10³个）	玉米	< 40	GB/T 13092	限量饲用：40~100，禁用：> 100
		小麦麸、米糠	< 50		限量饲用：40~100，禁用：> 80
		豆饼（粕）、棉子饼（粕）、菜籽饼（粕）	< 20		限量饲用：50~100，禁用：> 100
		鱼粉、肉骨粉、鸭配合饲料	< 35		限量饲用：20~50，禁用：> 50
5	黄曲霉毒素 B1 允许量/（微克/千克）	玉米	≤ 50	GB/T 17480 或 GB/T 8381	
		花生饼（粕）、棉籽饼（粕）、菜籽饼（粕）、豆粕	≤ 30		
		肉用仔鸭前期、雏鸭配合饲料及浓缩饲料	≤ 10		
		肉用仔鸭后期、生长鸭、产蛋鸭配合饲料及浓缩饲料	≤ 15		
6	铬（以 Cr 计）的允许量（毫克/千克）	皮革蛋白粉	≤ 200	GB/T 13088	
		鸡配合饲料、猪配合饲料	≤ 10		
7	汞（以 Hg 计）的允许量（毫克/千克）	鱼粉石粉	≤ 0.5	GB/T 13081	
		鸡配合饲料、猪配合饲料	≤ 0.1		
8	镉（以 Cd 计）的允许量（毫克/千克）	米糠	≤ 1.0	GB/T 13082	
		鱼粉	≤ 2.0		
		石粉	≤ 0.75		
		鸡配合饲料、猪配合饲料	≤ 0.5		

序号	卫生指标项目	产品名称	指标	试验方法	备注
9	氰化物（以HCN计）的允许量（毫克/千克）	木薯干	≤ 100	GB/T 13084	
		胡麻饼（粕）	≤ 350		
		鸡配合饲料、猪配合饲料	≤ 50		
10	亚硝酸盐（以NaNO$_2$计）的允许量（毫克/千克）	鱼粉	≤ 60	GB/T 13085	
		鸡配合饲料、猪配合饲料	≤ 15		
11	游离棉酚的允许量（毫克/千克）	棉籽饼、粕	≤ 1200	GB/T 13086	
		肉用仔鸡、生长鸡配合饲料	≤ 100		
		产蛋鸡配合饲料	≤ 20		
12	异硫氰酸酯（以丙烯基异硫氰酸酯计）的允许量（毫克/千克）	菜籽饼（粕）	≤ 4000	GB/T 13087	
		鸡配合饲料	≤ 500		
13	噁唑烷硫铜的允许量（毫克/千克）	肉用仔鸡、生长鸡配合饲料	≤ 10000	GB/T 13089	
		产蛋鸡配合饲料	≤ 500		
14	六六六的允许量（毫克/千克）	米糠、小麦麸、大豆饼粕、鱼粉	≤ 0.05	GB/T 13090	
		肉用仔鸡、生长鸡、产蛋鸡配合饲料	≤ 0.3		
15	滴滴涕的允许量（毫克/千克）	米糠、小麦麸、大豆饼粕、鱼粉	≤ 0.02	GB/T 13090	
		鸡配合饲料、猪配合饲料	≤ 0.2		
16	沙门氏杆菌	饲料	不得检出	GB/T 13091	

（续表）

序号	卫生指标项目	产品名称	指标	试验方法	备注
17	细菌总数的允许量（每千克产品中细菌总数 $\times 10^6$ 个）	鱼粉	< 2	GB/T 13093	限量饲用：2~5，禁用：> 5

注：① 所列允许量为以干物质含量为88%的饲料为基础计算；② 浓缩饲料、添加剂预混合饲料添加比例与本标准备注不同时，其卫生指标允许量可进行折算

（二）动物源饲料的使用与监控

1. 动物源性饲料产品的种类

动物源性饲料产品通常是指以动物或动物副产物为原料，经工业化加工制作的单一饲料。产品种类主要有以下几种。

（1）肉类加工副产品　肉粉（畜和禽）、肉骨粉（畜和禽）。

（2）水产制品　鱼粉、鱼油、鱼膏、虾粉、鱿鱼肝粉、鱿鱼粉、乌贼膏、乌贼粉、鱼精粉、干贝精粉。

（3）血液制品　血粉、血浆粉、血球粉、血细胞粉、血清粉、发酵血粉。

（4）畜禽屠宰下脚料　动物下脚料粉、羽毛粉、水解羽毛粉、水解毛发蛋白粉、皮革蛋白粉、蹄粉、角粉、鸡杂粉、肠黏膜蛋白粉、明胶。

（5）乳、蛋制品　乳清粉、乳粉、巧克力乳粉、脱脂乳粉、蛋黄粉、蛋粉及蛋壳粉。

（6）蚕蛹、蛆、卤虫卵

（7）骨粉、骨灰、骨炭、骨制磷酸氢钙、虾壳粉、蛋壳粉、骨胶

（8）动物油渣、动物脂肪、饲料级混合油

2. 动物源性饲料产品的特点

（1）蛋白质含量高　多数产品均在50%以上；氨基酸组成良好，蛋白质生物学价值较高。

（2）多数产品的碳水化合物量少　不含粗纤维。

（3）矿物元素含量高　尤其是钙、磷含量丰富，且比例适宜，利

用率高。

（4）B族维生素丰富 特别是维生素B_{12}含量高。

正是由于这些特点，动物源性饲料产品在畜禽和水产养殖上得到广泛应用，特别是用以补充某些必需氨基酸的不足和提供丰富的B族维生素与矿物元素。但是，动物源性饲料产品品质变化通常远大于植物性饲料产品，并存在安全隐患问题，主要体现在：① 原料来源混杂、品质不稳定。② 掺假现象严重。③ 易受污染和发生氧化酸败，具体如下。

1）病原微生物污染。由于动物源性饲料中粗蛋白质和粗脂肪含量比较高，比较适合肠道致病菌沙门氏菌的生长繁殖，畜禽大量摄入被沙门氏菌污染的饲料后，容易造成消化道感染而引起中毒。

2）重金属污染。如鱼类等水生生物可以富集水体中的汞、砷、镉等重金属元素。因此，由在一些严重污染的水域中生长的鱼类加工而成的鱼粉，其汞、砷、镉含量常易超标。

3）化学物质污染。二噁英对人类和动物有多方面的毒害作用，并且具有致畸、致突变和致癌作用。二噁英具有亲脂性，动物性饲用油脂易受其污染。苯并芘是环境中广泛存在的有机污染物。它在动物的脂肪组织及乳腺中排出较慢并可蓄积，动物源性饲料产品易受其污染。

4）霉变。动物源性饲料易吸潮，在适宜的温度和湿度条件下，霉菌容易生长繁殖，其产生的霉菌毒素可直接危害畜禽的健康和生产性能，同时可残留在畜禽产品中从而危害人类健康。

5）发生氧化酸败。动物性饲料如含脂肪或水分多，如果贮存不当或贮存时间过长时，脂肪易氧化酸败，可利用能量就会降低，饲料的适口性降低。油脂氧化过程中形成的高活性自由基能破坏维生素，同时，油脂氧化产物可直接损害畜禽的免疫器官，降低肌体免疫机能。因而，动物性饲料不宜久贮，或脱脂后贮藏。

（三）动物源饲料的安全使用与控制措施

1. 严格控制和审批动物源性饲料产品生产企业的设立

《动物源性饲料产品安全卫生管理办法》规定，设立动物源性饲料产品生产企业应当具备6项条件，即厂房设施、生产工艺及设备、人员、质检机构及设备、生产环境、污染防治措施。只有具备上述6个方面的规定条件，企业填报《动物源性饲料产品生产申请书》，经过有关饲料管理部门审核并经评审组评审，颁发《动物源性饲料产品生产企业安全卫生合格证》，才能设立动物源性饲料产品生产企业。

2. 强化动物源性饲料产品生产企业的生产管理和行政监管

① 生产企业要严格控制原料的采购，禁止采购腐败、污染或来自动物疫区的动物原料。

② 企业生产过程管理上要特别注意对装载容器、运输工具等进行清洗与消毒，防止交叉污染。

③ 企业成品管理上，成品存放区和原料储存区要完全分开，保证成品不受污染。成品要严格进行出厂检验，并执行产品留样观察制度。

④ 饲料管理部门应对动物源性饲料产品生产企业不定期地进行现场检查和监督，对生产企业除了检查工厂厂房、设施、生产环境和员工的一般卫生状况外，还要检查生产企业自我监督及生产管理制度的执行情况。

3. 积极推行HACCP（即危害分析与关键控制点）安全管理

饲料工业推行HACCP管理具有必要性。一是与国际接轨的需要。饲料和食品的国际组织已采纳HACCP管理体系，如联合国动物饲料法典、食品法典都规定了饲料和食品生产应当推行HACCP管理体系，并将其纳入国际贸易中饲料和食品质量和安全管理的规定之中。推行HACCP管理体系是我国饲料工业走向世界的通行证。二是饲料安全管理工作的需要。目前我国饲料管理实行的是事后监督制度，迫切需要饲料生产、经营企业加强事前管理，消除各种安全隐患。HACCP管理的事前性和预防性，并将大大降低事后监督成本，提高事后监督的成效。三是生产无公害和绿色养殖产品的需要。养殖产品的成本70%以上来自饲料，饲料工业推行HACCP管理将保证养殖产品的生产资料质量安全，为生产无公害和绿色养殖产品奠定良好的物质基础。四是建立和完善我国饲料工业标准体系的需要。当前我国饲料标准体系建设滞后，一些允许使用的饲料添加剂品种仍未制定标准，有关安全卫生方面的检测方法标准也不完善，无法为行业监督和行政执法提供技术依据，直接影响到监督检测的法律效力。HACCP管理体系对饲料生产的各个环节都提出了具体而明确的要求，推行HACCP管理体系必将进一步推进我国饲料标准体系的建设和完善步伐。

4. 加紧对动物源性饲料产品质量标准进行制订和修订

目前，我国有关动物源性饲料产品的产品标准已颁布的仅有国家标准《鱼粉》（GB/T 1964—2003）。《饲料用骨粉及肉骨粉》国家标准及《饲料用水解羽毛粉》农业行业标准正在审批中。为了保证动物源性饲料产品安全卫生监管工作的有效实施，应当加紧制定动物源性饲料产品标准。安全卫生指标是动物源性饲料产品标准技术要求中的重要技术指标，是对动物源性饲料产品进行安全卫生质量检测和监督管理的主要技术手段和依据。

5. 严格控制动物源性饲料使用

我国对反刍动物的肉骨粉使用有严格规定，即严格禁止在反刍动物饲料中使用肉骨粉，防止疯牛病的发生。对猪、禽肉骨粉使用无明确规定。但养殖场应自觉遵守不饲喂同源动物性饲料的原则，防止传染性疾病的发生。同时，应控制其在畜禽配合料中的添加比例。

三、饲料的无公害化管理

由饲料安全引发的"瘦肉精""三聚氰胺"等食品安全事件近年来屡屡发生，使人们对食品安全性的重视程度越来越高。畜产品不安全因素的来源主要有三：一是来源于饲养过程；二是来源于饲料；三是来源于屠宰加工过程。如果饲料中存在不安全因素，比如含有毒或违禁物质，不仅影响饲养动物的健康生长，其残留的积蓄和转移不仅污染环境，不利于生态环境的可持续发展，而且最终还会影响人类的健康。因此，大力发展无公害养殖，严格控制畜禽产品的污染与残留，积极开发与生产绿色畜禽产品愈来愈引起人们的高度重视。对于饲料的无公害管理具体从以下几个环节实施。

（一）建立良好的原料生态环境

加快建立无污染、无残留的饲料原料生产基地，扩大专用饲料原料的作物种植，不断提高饲料原料的质量和生产能力。在饲料原料的种植过程中，尽量杜绝或减少农药、化肥的大量使用，控制饲料原料中农药、化肥的污染与残留。可以通过使用有机肥、种植绿肥、作物轮作、生物防治病虫害、生物或物理除草等措施培肥土壤、控制病虫害。通过上述措施生产和提供足够的无污染、无公害饲料原料，满足无公害饲料生产的原料供应。

（二）鼓励饲料产业科技创新

鼓励饲料生产企业开发和推广安全、高效、无污染、绿色的新型饲料和饲料添加剂。研究应用有益微生态制剂和开发应用天然中草药类添加剂，逐步杜绝滥用抗生素及添加剂，不断优化畜禽肠道菌群和改善畜禽肠道环境，减少有害病菌的作用，促进畜禽生长发育、改善畜禽品质、增强畜禽体质，提供优质畜禽产品。

（三）增强饲料企业责任感

不断增强饲料生产企业对饲料的安全意识，严格按照饲料的安全标准，从原料的选择、饲料的生产和加工，以及饲料的包装与运输等各个生产环节着手，严格控制饲料安全，确保无公害饲料的生产，以满足无公害畜禽养殖生产和绿色畜禽产品生产的需要。

（四）建立健全饲料法律法规

尽快制定饲料、饲料添加剂的配套法规和管理办法，完善饲料安全监管制度。全程监控饲料和饲料添加剂生产、经营和使用，切实抓好饲料质量安全监管工作。通过加强立法、严格执法、强化监督，控制和杜绝各种违禁药品及添加剂的使用。各级畜牧兽医、饲料、药品监督管理部门必须加强饲料安全管理。并会同公安、工商、环保、质检等部门，进一步加大对饲料生产、经营和使用中使用违禁药品的查处力度，严密监控饲料产品的质量，消除各种隐患，确保饲料产品的质量安全。

（五）逐步完善饲料监测体系

加快各级饲料监测机构建设，逐步完善饲料监测体系。加大资金投入，不断改善检测设施条件和提高监测手段。加快饲料监测技术队伍建设，不断提高监测技术人员的技术素质和整个饲料监测体系的整体水平。同时，加快制定与国际接轨的饲料工业标准体系，制定完善饲料卫生安全标准，为各类饲料监测体系建设和监测监督提供技术依据。

技能训练

识别和选择优质饲料原料。

【目的要求】对所提供的饲料标本或实物能正确识别，能认识和描述其典型感官特征，并能正确分类。

【训练条件】

1. 能量饲料、蛋白质饲料、矿物质饲料、饲料添加剂等饲料实物。

2. 饲料、挂图、幻灯片、录像片。

3. 瓷盘、镊子、放大镜、体视显微镜等。

【操作方法】

（一）操作步骤

1. 结合实物、挂图、标本、幻灯片或录像片，借助放大镜或体视显微镜，识别各种饲料并描述其典型特性。

2. 了解上述各种饲料的主要营养特性和使用方法。

（二）感观检测的方法

所谓感观检测就是指通过感观（嗅、视、尝、触），以及借助基本工具（如筛子、放大镜）所进行的一般性外观检测。

1. 视觉

观察饲料的形状、色泽、有无霉变、虫子、结块、异物掺杂物等。

2. 味觉

通过舌舔和牙咬来检查味道。但应注意不要误尝对人体有毒的有害物质。

3. 嗅觉

通过嗅觉来鉴别具有特征气味的饲料；并察看有无霉臭、腐臭、氨臭、焦臭等。

4. 触觉

取样在手上，用手指头捻，通过感触来觉察其粒度的大小、硬度、黏稠性、滑腻感、有无夹杂物及水分的多少。

5. 筛

使用 8 目、16 目、40 目的筛子，测定混入的异物及原料或成品的大约粒度。

6. 放大镜

使用放大镜（或实体显微镜）鉴定内容与视觉观察的内容相同。

（三）饲料镜检的基本步骤

1. 将立体显微镜设置在较低的放大倍数上，调准焦点。

2. 从制备好的样品中取出部分撒在培养皿上，置于立体显微镜下观察。从粗颗粒开始并且从培养皿的一端逐渐往另一端看，对观测有促进作用。

3. 观测立体显微镜下的试样，应把多余和相似的样品组分拨分到一边，然后再观察研究以辨认出某几种组分。

4. 调到适当的放大倍数，审视样品组分的特点以便准确辨别。

5. 通过观察样品的物理特点，如颜色、硬度、柔性、透明度、半透明度、不透明度和表面组织结构，鉴别饲料的结构。所以，检测者必须练习、观察并熟记物理特点。

6. 不是饲料原料的额外试样组分，若量小称之为杂质，若量大则称之为掺杂物。

鉴定步骤应依具体样品进行安排，并非每一样品均需经过以上所有步骤，仅以能准确无误完成所要求的鉴定为目的。

【考核标准】

对所提供饲料原料能熟练进行感官检验及显微镜检查，并具体描述。

思考与练习

1. 蛋鸭常用的饲料种类有哪些？各有什么特点？

2. 分别说说选择玉米、豆粕、鱼粉等饲料原料的质量标准。

3. 对蛋鸭饲料进行质量鉴定有哪些主要方法？

第三章　蛋鸭的饲养管理

知识目标

1. 了解雏鸭、育成鸭、产蛋鸭的生理特点。

2. 掌握雏鸭、育成鸭、产蛋鸭饲养管理的要点。

3. 熟悉基本的养鸭设备、用具和保温育雏设备等，合理使用与维护。

技能要求

1. 学会蛋雏鸭的分级。

2. 掌握雏鸭的饲喂技巧。

3. 掌握育成鸭的饲养技术要点。

4. 熟练掌握和操作产蛋鸭的阶段管理、季节管理要点。

第一节　雏鸭的饲养管理

雏鸭饲养的成败直接影响到鸭群的健康发展和鸭场生产计划能否完成，以及鸭的生长发育、今后种鸭的产蛋量和种蛋的品质。在育雏期提高雏鸭的成活率是鸭场的中心任务。在生产中，雏鸭成活率的高低是直接衡量鸭场生产管理水平和技术管理措施的重要指标之一。

研究表明，蛋雏鸭 35 日龄的生长发育是否正常达标，直接决定了其一生的产蛋性能的高低。所以，蛋鸭的育雏成功与否对蛋鸭养殖场来说至关重要。要想养好蛋雏鸭，就是要做到让雏鸭每天都能吃饱、喝好、睡好、玩好，营养全面有保障，自由健康的发育成长。

育雏阶段的任务指标是：到育雏期结束，所饲养的蛋雏鸭各项生长发育指标符合该品种标准，体重达到育雏期末要求的相关品种标准，育雏期末成活率，夏秋季达到 96% 以上，冬春季达到 92% 以上。

一、雏鸭的生理特点

雏鸭是指 0~4 周的鸭。雏鸭的培育目标是通过精心的饲养管理，使其逐步适应外界环境条件，健康地生长发育，保持良好的体质和较高的成活率，为将来的育成鸭和产蛋鸭（或种鸭）打下良好的基础。因此，育雏是养鸭成败的关键，也是最重要的基础阶段。雏鸭的生理特点如下。

1. 雏鸭娇嫩、适应新环境的能力较差

雏鸭刚从蛋壳中孵化出来，各种生理机能都比较弱，十分娇嫩，对外界环境也很陌生，在管理上需给予一个逐步适应环境的过程。

2. 调节体温的能力差

雏鸭绒毛稀短，不能抵御低温环境，自身调节体温的机能较差，应创造合适的环境温度，进行适当保温。

3. 雏鸭的消化器官容积小、机能尚未健全

刚出壳的雏鸭，其消化器官尚未经过饲料的刺激和锻炼，容积很小。食道的膨大部很明显。如绍兴鸭的肌胃重只有 1.1 克，十二指肠的宽度只有 0.3~0.4 厘米，消化道的总长度只有 48 厘米，贮存食物的能力有限，消化机能尚未健全，应有一个逐步锻炼的过程。在管理上要少喂多餐，给予营养丰富而容易消化的饲料。

4. 雏鸭的代谢机能旺盛，生长速度快

饲养 4 个星期，其体重为初生重的 11 倍，所以需要丰富而全面的营养物质，才能满足其生长发育要求。

5.雏鸭的抗病机能尚未完善，抵抗力差

刚出壳的雏鸭，抗病力弱，易得病死亡，需加强饲养管理，应特别注意做好卫生防疫工作。

正由于雏鸭有这些生理特点，育雏工作的好坏，将直接影响到育雏的成活率、后备种鸭的生长发育及以后种鸭产蛋性能的发挥和经济效益的提高。因此，育雏是整个养鸭生产中的关键的一环。育雏时应尽量满足雏鸭生长发育所需的各种条件，精心地做好雏鸭的饲养管理工作。

二、雏鸭的选择和运输

雏鸭品质好坏和运输情况直接影响到育雏率和生长速度，也影响到生长成熟后的生产性能。所以必须严格选择和精心运输。

（一）雏鸭的选择

选择优良雏鸭，必须考虑种鸭的品种、种蛋的孵化条件、雏鸭本身的质量等因素。

1.根据种鸭的质量来选择

选择鸭苗前，最好要实地了解种鸭的饲养情况。一是要有"种蛋种禽经营许可证"，饲养的是优质品种；二是饲养条件良好，一般来说，种鸭饲养条件良好，如采用水陆结合饲养方式饲养的种鸭场，必须陆上运动场清洁、干净，水地运动场的水质清洁；三是饲养管理良好，如饲料配制是否科学、日常管理是否严格等。

2.根据孵化条件来选择

优质的种蛋，必须在条件良好的孵化厂才有可能孵化出优质的雏鸭。蛋鸭场的规划布局要合理，配套设施要齐备，孵化操作规范的孵化厂选购鸭苗。如果孵化厂建筑及孵化器具十分简陋，甚至连基本的消毒设施都没有，这样的孵化厂不可能孵化出优质的雏鸭。

3.根据鸭苗的质量来选择

选购鸭苗，一定要挑选健壮的优质雏鸭。优质雏鸭的标准：一是适时出壳，出壳整齐。先进的孵化设施，只有在科学的孵化操作技术下，才能孵出优质的苗鸭。优质苗鸭的基本条件之一，必须是适时出壳，出壳整齐。过早或推迟出壳，出壳持续时间很长，都会影响雏鸭的质量。一般来说，种鸭蛋的孵化时间应为 28 天，即当天下午入孵的种蛋，应在第 28 天的上午拿到。如果到时拿不到雏鸭，说明种蛋的孵化时间推迟，胚胎的生长发育在某一时间受到影响，因而雏鸭的质量就有可能受影响。如种蛋保存时间过长、孵化设施达不到要求、种蛋在孵化期间的受热不均（导致不同部位的种蛋胚胎发育不一致，其特征是整个孵化机内的雏鸭从开始至出雏结束的时间延长）或孵化温度不适宜等，都会影响出雏时间。凡推迟出雏的雏鸭一般脐部血管收缩不良，容易在出雏时受到有害细菌的影响。因而不能选购雏鸭时出雏过迟的鸭苗。二是外型健康活泼。眼睛灵活而有神。全身绒毛整洁光亮，个体大、重，体躯长而阔，臀部柔软。脚高、粗壮，站立行走姿势正直有力。肛门周围没有粪便等沾污。三是卵黄吸收良好，腹部柔软，大小适中。脐部愈合良好，无出血或干硬突出痕迹。四是趾爪无弯曲损伤，无畸形。

（二）雏鸭的运输

雏鸭出雏后 24 小时之内应运到目的地，如果时间过长，因雏鸭开饮、开食过迟会影响正常的生长发育，特别是对卵黄吸收不利。运输时最好选用特制的纸箱装运，如用竹筐、塑料箱装运时，底部须垫好柔软的垫料，如干禾草、布或纸等，天气冷时还要用厚布或毯子等盖好顶部和周围，但要注意适当通风换气，以防雏鸭呼吸困难，甚至闷死。装运时要注意密度，密度太大时雏鸭互相挤压，应激多，死伤多；密度太小时箱内温度低，运输车摇晃时雏鸭到处跌撞滚动，应激大，受伤多。天热时密度可小些，天冷时密度可大些。运输途中要注意防寒、防晒、防热、防淋、防颠簸摇摆，以及保持适当的通风换气等。雏鸭运到后，应立即搬进育雏舍，减少外界环境的影响。

三、育雏所用设施与器具

（一）育雏所用设施

1. 鸭舍

鸭舍就用途分为雏鸭舍、育成鸭舍、产蛋鸭舍和种鸭舍四种。在小型的鸭场内，常常互相通用。就建筑材料分，有竹架茅草顶的草舍，有竹架油毛毡做屋顶、墙壁的大棚，有砖墙瓦顶的瓦房，这 3 种最常见。也有简易的塑料棚、竹棚，但大多是临时的。

雏鸭舍最基本的要求。一能保温，二能防止兽害。此外，还有通风、光照、高燥以及管理方便、易于操作等要求。一般应建在产蛋鸭舍的南侧和上游地势较高处。采用砖墙瓦顶并抹好石灰，既能防寒保温，又能防止老鼠钻入。地面一定要用水泥制作，中间略高，向两侧倾斜，并在墙脚设浅沟，便于排水，以保持舍内干燥；或者一侧较高，向另一侧稍作倾斜，并在较低一侧的墙脚边设一条浅沟，上覆铁丝网，把饮水器置于网上，以保持地面干燥。门窗不必太大，以方便工作和适当通气即可，窗户上必须安装铁丝网，以防兽害。

2. 鸭滩

它又称陆上运动场。一端紧连鸭舍，一端直通水面，为鸭群吃食、梳理羽毛和白天休息的场所，其面积应大于鸭舍。鸭滩地面必须平整，略向水面倾斜，不允许坑坑洼洼高低不平，以免蓄积污水。鸭滩的大部分地方都是泥土地面，只在连接水面的倾斜之处，要用水泥沙石，做成斜坡，坡度约35°，斜坡要深入水中，与枯水期的最低水位相平。鸭滩斜坡与水面连接处，必须用块石砌好，不能图一时省钱用泥土做底脚。否则经风浪多次冲击，泥土陷塌后，上面的水泥面塌下，再经修理，不仅费时费钱，还影响产蛋。由连接处，均需用围栏把它们围成一体，根据鸭舍的分间和鸭子分群情况，每群分隔成一个部分。陆上运动场的围栏高度为50~60厘米，水上运动场应超过最高水位50厘米，深入水下1米以上，如用于育种或饲养试验的鸭舍，必须进行严格分群时，围栏应深入水底，以免串群，影响试验效果。有的地方将围栏做成活动的，栏宽1.5米，绑在固定的桩上，视水位高低而灵活升降，经常保持水上50厘米、水下100厘米。有的地方用聚乙烯网做围栏时，网眼尽量小些，以防雏鸭或成鸭头部卡在网上而亡。水下部分最好直到水底，以防鸭子扎猛子而钻出网外。为了保持鸭滩干燥清洁，可用喂鸭后剩下的河蚌壳、螺蛳壳铺在鸭滩上，这样，即使大雨以后，鸭滩仍可保持干燥清洁。鸭滩如出现凹凸不平时，要及时修复，由于蛋鸭足短，飞翔能力差，不平的地面不利于群鸭行动，常使鸭子跌倒碰伤，造成输卵管、卵巢或腹膜发炎致死。

3. 水围

即水上运动场，其面积不应小于鸭滩，考虑到枯水季节时水面缩小，故有条件时尽可能围大一些。这是鸭子洗澡、游泳和交尾配种等必不可少的场所，也是炎热暑天群鸭露夜的地方。在鸭舍、鸭滩、水围三部分的产蛋鸭，成本低，冬暖夏凉，建造容易，我国南方比较普遍，是一种实用的鸭舍。就式样分，有单坡和双坡式、有全开放和半开放。由于养鸭都是群养较多，规模较大，一般都采用半开放的双坡式。饲养中使用的斜坡是鸭子每天上下水必经之地，土地使用率高，且上有雨水淋漓，下有风浪冲击，非常容易坏，必须在养鸭以前修得很坚固，很平整，否则贻害无穷。

（二）育雏所用器具

（1）鸭篮（筐篮） 用毛竹编制，圆形，直径 70~80 厘米，边高 25~30 厘米，育雏时供小鸭休息和点水之用（将小鸭连同放鸭的鸭篮，一起浸入水池中，任其活动片刻）。

（2）栈条（围条） 用毛竹或芦苇编制，长 15~20 米，高 60~70 厘米，作围鸭用，1 000 只雏鸭需准备 3~4 张栈条。

（3）竹席、草席或塑料薄膜 每张 5~8 米^2，1 000 只雏鸭喂食需准备 6 张席子。

（4）灯具 每 30~40 米^2 的鸭舍，最好安装 3 个灯头，中间 1 个配 15 瓦的白炽灯泡，供通宵照明用，其余两个配 60 瓦的灯泡，供补充光照时用，分别由两个开关控制。此外，每间还需备用两盏供停电时使用的灯具（如马灯）。

（5）食盆 一般用直径 50 厘米的无毒塑料盆，便于清洗、消毒和搬动。1 000 只产蛋鸭需准备 5~10 只食盆。吃颗粒饲料时可用料槽、料桶。

（6）竹匾 圆形，直径 1 米，外沿边高 5 厘米，垫在食盆下面，承接鸭子采食时甩出来的饲料，也可以直接用作喂料，数量与食盆相同。

（7）水缸 供产蛋鸭饮水用，可用陶罐、瓦缸，高不超过 30 厘米。瓦缸的口径小一些，用时斜放，便于鸭子饮水。如用陶罐或塑料面盆，由于口径较大，鸭子饮水时常常进入盆内嬉戏，影响饮水卫生，应在盆上方罩一伞型架，使鸭子只能伸颈饮水，不能身入盆中。育雏阶段可用饮水器。

（8）其他用具　竹棒、水桶、竹箩、扫帚、簸箕、铁锹、铁耙、扁担、麻袋、菜刀、秤、蛋框、喷雾器等，都是常用的工具。

四、育雏方式

（一）育雏期的选择

采用圈养或笼养方式的蛋鸭和饲养肉鸭一样，可以采取常年孵化、常年育雏的饲养方法，只是产蛋高峰期，最好避开盛夏和严冬季节。如全期或部分采用放牧方式饲养的鸭，就带较强的季节性，需根据饲养的目的和自然条件，选择合适的季节，采用相应的育雏技术。

1. 春鸭

4—5月饲养的雏鸭称为"春鸭"。这一时期气候逐渐变暖，天然饲料也逐渐丰富。此时又正值农田春耕播种的阶段，放牧场地多，雏鸭生长快，开产早。早春鸭可为秋鸭提供部分种蛋，其他春鸭可提供大量鸭蛋腌制成咸蛋或皮蛋。这样当年饲养的春鸭，当年就见效益。但早春鸭育雏是天气还较冷，要注意保暖。春鸭御寒能力差，若天气骤变，一遇寒流易停产。

2. 夏鸭

6—7月饲养的雏鸭称为"夏鸭"。这一时期气温高，多雨潮湿，农作物生长旺盛，雏鸭育雏期短，无需保温，可以早下水、早放牧、早开产，饲养成本低。但夏鸭生长前期天气闷热，要注意防潮、防暑和防病。

3. 秋鸭

8—9月饲养的雏鸭称为"秋鸭"。这一时期气温由高到低，逐渐下降，正适合雏鸭对外界温度的生理需要。在水稻产区，放牧饲养可以节省饲料，降低成本。秋鸭留种，产蛋高峰期正遇上春雏期，养鸭经济效益高。但秋鸭的育成期正值寒冬，气温低，日照短，后期天然饲料少，故开产要比春鸭和夏鸭晚一个月左右。因此，饲养是要注意防寒和补料，增加光照，促进早开产。

（二）常用育雏方式

1. 加温方式

刚出壳的雏鸭体温调节能力弱，对外界环境的适应性差，需保温。按提供温度来源不同，雏鸭育雏加温方式可分为自温育雏和加温育雏。自温育雏是农村一家一户少量饲养采用的一种方法。而大规模饲养均采用人工加温的方法，来达到雏鸭生活适宜的温度。基本上和养鸡业中育雏加温方法相似，只是温度要求不一样，是现代规模养殖育雏的基本方法。加温方法由于所利用的热源不同，可分为：

（1）火炕（烟道）加温　火炕育雏和烟道育雏相似。火炕的结构与北方农村人睡的土炕差不多，把炕直接建在育雏室内，烧火口放在室外（一般在育雏室的北端墙外），烟囱在育雏室的南端墙外，并要高出屋顶，使出烟畅通。火炕一般都不用烧过的砖建造，而是用干燥的土坯砌成，利于吸热和保温。在靠近烧火口的一端设置保温棚，棚下的温度较高，雏鸭可以自由进出，选择适宜的温区活动。保温棚下挂 1~2 盏 15 瓦的电灯泡照明，并在离炕面 5 厘米处挂温度计 1 支，可以随时观察棚内温度情况。火炕温度高低的调节方法有两种：一是通过烧火的次数多少及烧火的时间长短来控制，一般每天在早、晚各烧一次。天气冷，雏龄小时，烧火时间长一些；天气热，雏龄大时，烧火时间短一些。二是通过保温棚覆盖与否作辅助调节，即温度低时盖得严密些，温度高时可全部或部分除去覆盖物。进雏以前，要提早一天烧火，使室内预热，达到需要的温度标准。用火炕或烟道加温，热量从地面上升，非常适合于雏鸭卧地休息的习性，整个育雏室内，前后左右都有一个温差，使体质强弱不同的雏鸭，都可以自由地找到合适的温区，而且室内空气好，地面干燥，育雏效果较佳，在没有电的地方尤其适合。缺点是房舍的利用率不高。

（2）利用电热供温　在电力充足、供电稳定、价格适中的地区可以采用。常用的加热设备有电热育雏笼、电热育雏伞和红外线灯等。

① 电热育雏笼多为 4 层叠放拼装式，笼内一半配有供温装置。雏鸭根据温度感受情况，可从笼的一边随意到另一边去活动。电热育雏笼用于鸭的育雏加温效果较好，但喂料、饮水不太方便，饲养中还要根据鸭体大小不断长大的情况经常分群，管理较为麻烦。

② 电热育雏伞主要用于平养育雏。一般在育雏伞周围设护栏，有利于保温和防止雏鸭离开热源。育雏伞的育雏可以人工控制或者调节温度，升温较快而平稳，管理较为方便，育雏效果好。但当室温低于15℃以下时，保温效果不太好。电热伞加温：用木板、纤维板或铁皮等材料制成伞状罩，直径1.2~1.5米，高0.65~0.70米。伞最好做成夹层，中间充填玻璃纤维等隔热材料，以利保温。伞内下缘的周围装一圈电热丝，再在电热丝下方罩盖金属网，以免雏鸭接触时死亡。连接电热丝处，再安装水银导电表等自动调温装置，以便控制伞下温度。伞的四角有立柱，离地8~10厘米。在伞的下边与地面的空隙处，钉上厚布条，这道布裙可灵活启动，便于雏鸭自由进出。喂料和饮水都在电热伞外进行。每个保温伞可养雏鸭200~300只。这种方式换气良好，温度适宜，雏鸭可以自由选择合适的温区活动，管理方便，节省劳力，室内清洁，育雏效果较好，但在无电地区不能采用。

③ 红外线育雏是利用红外线灯发出的热量来供给雏鸭温度。市售的红外线灯为250瓦，红外线灯一般悬挂在离地面35~45厘米的高度，在使用中，红外线灯的高度应根据具体情况调节高度。雏鸭可以自由选择离灯较远或者较近处活动。红外线灯育雏温度均匀，室内清洁，但热效果差，灯泡易损，一般只能作为辅助加温系统，不能单独使用。

（3）利用煤炭供温　在电供应不正常，而煤炭资源丰富的地区，可以采用锅炉暖气、热风炉、煤炉地炕供温等。此法加温效果比电热加温效果要好，育雏环境较干燥，育雏效果好，费用小。但温度的掌握和管理较麻烦。

烧锅炉和地炕供温一般用于小型鸭场和个体户采用，这两种形式简单，投资少。但烧煤炉比较脏，室内加热管道要保证不漏烟。地炕加热由于是在鸭舍外烧煤，鸭室内无污染，空气质量较好，但盘地炕要有一定的技术。

煤炉加热，采用类似普通火炉的进风装置，将进气口设底层，把普通煤炉的原进风口封死，另外装1个进气管，在进气管的顶端加盖1块玻璃，通过玻璃的开合、调节进气量，控制火势，炉的上侧装

1个出气烟管，烟管穿过育雏室通向室外，排除废气。为了使炉温少散失，可在炉子的周围加1个木制的保温伞，直径1.2~1.4米，正方形，高1米，向上倾斜。这种装置可将炉温聚集在伞罩的周围。

（4）锯屑炉加温　它是目前较普遍的使用方法。用木器厂的加工下脚料锯屑作燃料，经济安全，无煤气中毒，升温快。

2．饲养方式

雏鸭的饲养方式主要有平养、网上河养和笼养3种。

（1）平养　雏鸭饲养在铺有垫草的地面上。其优点是设备简单，投资少，雏鸭生长速度快。缺点是雏鸭直接接触粪便，不利于防病，经常更换垫料，劳动强度大。

（2）网上饲养　雏鸭饲养在离地面40~50厘米由桁架支撑金属网或竹竿棚板上。其优点是饲养密度比地面平养大，雏鸭不直接接触粪便，有利于防病。但夏季生长速度比地面平养要慢，饲料浪费稍大些。

（3）笼养　雏鸭笼养和雏鸡笼养相似，其优点同网上饲养。但由于鸭的采食和饮水习性不同于鸡，其饲养效果不如鸡，因此，这种饲养方式还不多见。

（三）育雏前的准备

1．育雏舍的准备

雏鸭饲养量的多少要根据鸭舍的面积和饲养方式来定。一般地面平养按脱温时每平方米饲养20~25只来准备育雏室。育雏室如原先已经用过，应做彻底清扫。首先清扫屋顶、四周墙壁以及设备内外的灰尘、料屑等污物，清除食槽中剩料，清扫地面，清理地沟中的污物。地面平养须清除垫料，清除前可使用广谱消毒剂喷洒垫料。网上饲养要用高压水枪水冲洗笼网，尤其是底网片连接处。墙壁和地面先用高压水枪喷湿，可在水中加入清洁剂，以便于清洗干净。数小时后用高压水枪冲洗。最后将鸭舍周围环境杂物也彻底清除干净。

2．育雏用具等设备的准备

育雏用的保温设备、用具（如开食用盘、草席、塑料薄膜，各种规格的食槽、饮水器等）、饲料及常用的药物和疫苗等，应根据饲养的数量和饲养方式备足。饲养用具应浸泡，最后用清水冲洗干净、晾干备用。地面平养所用垫料如锯末屑、刨花或麦草，使用前放在日光下暴晒1~2天。用稻草做垫料时，要用晒干的新鲜稻草，防止曲霉菌对雏鸭的侵害。

3. 消毒

对于鸭舍的墙壁、地面、网片可用火焰灼烧消毒，最后将所有的饲养设备安装好，料筒、饮水器等用具放入育雏舍，地面平养铺好垫料，然后关闭门窗，用甲醛熏蒸消毒。熏蒸时要求鸭舍相对湿度在70%以上，温度25℃以上。消毒剂量为每立方米体积用福尔马林30毫升，再加入15克高锰酸钾，1~2天后打开窗，通风晾干鸭舍。有条件的鸭场，每一鸭舍的进口处，要有一间更衣室以备所有工作人员使用，并备有浴室和成套的衣服鞋帽，育雏舍门口应有消毒鹏，内放消毒药水。即使条件不许可的鸭场或养鸭户，也应有备用的衣、鞋更换。

4. 育雏室预升温

在雏鸭进舍前24小时必须对育雏舍进行预升温，尤其是寒冷季节，温度升高比较慢，育雏舍的预升温时间更要提前。为了减少加热空间，可以把育雏舍的一头用塑料布或其他材料暂时隔离开来，用作育雏区，待雏鸭长大后在疏散扩大。育雏舍的温度要求因加温设备的不同而有差异。如采用保温伞加温，1日龄伞下的温度控制在34~36℃。保温伞的边缘区域温度控制在30~32℃，育雏舍的温度在20~24℃即可。如采用整室（热风炉、地炕等），1日龄的舍温要求保持在29~31℃。随着雏鸭日龄的增大而逐渐降低。

（四）育雏的环境条件

1. 温度

蛋用雏鸭育雏期温度见表3-1。

表3-1　蛋用鸭育雏的温度

日龄	育雏室温度（℃）	育雏器温度（℃）
1~7	25	25~30
8~14	20	20~25
15~21	15	15~20
22~28	15	—

育雏温度是否合适，一方面可以参考温度计指示，更重要的是要根据雏鸭的群体活动状态来判断。当育雏温度比较合适是，雏鸭分散均匀，活泼好动，采食积极，饮水量正常，发出欢快的叫声；温度过低时，雏鸭喜欢围靠近热源拥挤在一起，惊慌颤抖，常发出尖叫声，严重时造成雏鸭相互扎堆，并压伤压死；温度过高时，雏鸭远离热源，卧地张嘴喘气，饮水量增加，严重时还会使雏鸭脱水而死亡。高温和低温对雏鸭的日增重和饲料转化率都有影响。

3周以后，雏鸭已经有一定的抗寒能力，如气温达到15℃左右，就可以不再人工给温。

一般饲养的夏鸭，在15~20日龄可以完全脱温。饲养的春鸭或秋鸭，外界气温低，保温期长，需养至15~20日龄开始逐步脱温，25~30日龄才可以完全脱温。脱温时要注意天气的变化，在完全脱温头2~3天，如遇到气温突然下降，也要适当增加温度，待气温升高时，才完全脱温。

2．相对湿度

雏鸭适宜的相对湿度为65%~75%。在育雏过程中，只要供应充足饮水，一般不会出现高温低湿的情况，最可怕的是低温高湿，尤其是地面平养更应注意。在低温高湿的环境下，不仅失热较多，采食量增大，严重时造成雏鸭相互扎堆压伤压死。

3．通风换气

育雏室的有害气体主要有二氧化碳、甲烷、硫化氢和氨气等，这些气体的浓度超过一定的限度就会降低空气中的氧气的含量，影响雏鸭的生长的发育，严重时会导致死亡。因此，这些气体要随时排放出去，和新鲜空气进行交换，补充舍内氧气。在育雏过程中，可通过适当打开门窗来通风换气。舍内的空气的清新程度，以饲养员在舍内工作时自我感觉良好，不感到闷气和刺鼻眼的气味为宜。为了解决通风和保温的矛盾，通风时，可适当提高舍内温度，在冬季，还应避免穿堂风或贼风侵袭。

4．密度

蛋用雏鸭的饲养密度见表3-2。

表 3-2　蛋用雏鸭平面饲养的密度		（单位：只 / 米²）
日龄	1~10	11~20	21~30
夏季	30~35	25~30	20~25
冬季	35~40	30~35	20~25

在育雏过程中，随着雏鸭日龄的增大，体型也不断地增大，而致群体的密度过大，影响饮水和采食，空气污浊，应及时分群，降低饲养密度。

5. 光照

雏鸭特别需要日光照射，太阳光可以提高雏鸭的体表温度，增强血液循环，经紫外线照射，能将存在于鸭体皮肤、羽毛和血液中 7- 脱氢胆固醇转变为维生素 D_3，促进骨骼生长，并能增加食欲，刺激消化系统，有助于新陈代谢。在不能利用自然光照的条件下，可用人工光照代替；或者在自然光照不足时，用人工光照补充。育雏期内的光照，第一周龄时光照强度要大一些（即单位面积内的灯泡瓦数大些），光照时间长一些，一昼夜可达 20~23 小时。第二周起，逐步降低光照强度，缩短光照时间至 18 小时左右。第三周龄起，上半年育雏，白天利用自然光照，夜间用较暗的灯光通宵照明，只在喂料时用较亮的灯泡照半个小时；下半年育雏，由于日照时数短，可在傍晚适当增加 1~2 小时的灯光照，其余时间仍用较暗的灯光通宵照明。

五、雏鸭的饲养管理

（一）雏鸭的饲料配制

雏鸭的饲料，除了头两天主要喂夹生米饭外，第三天就要掺喂部分配合饲料，第五天起加入少量的动物性饲料（如鱼粉、螺蛳肉、泥鳅肉），从第七天起，就要用配合饲料来代替米饭，并且加喂青饲料，用量为精料总量的 20%~30%。使雏鸭能从各种饲料中吸取丰富的营养物质。

1. 夹生米饭的制作

要选用籼米（早稻米），不能用粳米和糯米，因为这两种米价格高，黏性大，雏鸭吃起来不易下咽。最好用糙米，不必加工成精白米，为降低成本，可选用碎米。烧米饭时，熟了即可，不可焖的太久，要煮成外熟里不熟的夹生米饭，煮好后用铁锹把饭搅散，放入竹箩筐内，在清洁的冷水里浸一下，使饭粒松散，吃时不会粘嘴。

2. 配合饲料的制作

采用圈养时，单纯饲喂夹生米饭，势必引起营养不足，影响不足，影响生长，而造成僵鸭。故此近年来，各地都提倡并普遍采用夹生饭加动物性饲料，然后过渡到全部喂配合饲料。

雏鸭配合饲料的制作，饲养者可以根据饲料的营养标准和当地的饲料资源，选用营养丰富、价格便宜、适口性较好的3~5种饲料配成。谷类饲料主要用玉米、糙米，大、小麦，用量占总量的50%~60%；植物性蛋白质饲料主要用豆饼、花生饼、芝麻饼、菜籽饼（菜籽饼用量不超过5%），用量占总量的20%左右；糠麸类饲料主要用细糠、麸皮，用量占总量的10%左右；动物性蛋白质饲料占总量的5%~10%。此外，还有无机盐饲料、喂量元素添加剂、维生素添加剂、氨基酸添加剂等。在雏鸭进场前5天配好（或购进），喂料前加水拌湿，现喂现拌，保持新鲜。

3. 各种动物性饲料的加工调制

雏鸭吃的动物性鲜活饲料有：黄鳝、泥鳅、螺蛳、蚯蚓、蚕蛹、小鱼和小虾等。

4. 青饲料的种类和加工

以水中杂草、青菜、苜蓿、紫云英、苦草、南瓜等比较理想，不仅适口性好，而且营养价值高。喂前要洗净切短，可以单独喂，也可以拌在配合饲料中喂，但以单独喂比较合适，因为雏鸭喜欢吃青料，混合后它要拣食青料，影响精饲料的采食，又容易浪费饲料。此外，各种浮萍也是雏鸭爱吃的青料，可撒在水面上任其自由采食。如果有青饲料打浆机，先将各种青料打成浆状，在和粉料拌和喂给，雏鸭亦很爱吃。

（二）蛋用雏鸭的饲养要点

1. "开水"

刚孵出的雏鸭，第一次饮水称"开水"。开水的时间越早越好，现代规模化养殖多用饮水器"开水"，"开水"后并保持供应充足的饮水。传统的"开水"方法是将雏鸭放在浅水中，使水淹没脚趾，但不能超过胫跗关节，让雏鸭在浅水中活动 5~10 分钟。气温低于 15℃时要适当提高水温。

2."开食"

第一次喂料称为开食，常在开水后进行，适宜时间是在出壳后 20~36 小时。传统开食方法是用焖熟的大米饭或碎米饭，或用蒸熟的小米、碎玉米粒。一般第一天喂六成饱，到第 3~4 天增加喂量。第一周龄每天一般为 7~8 次，其中晚上喂 2~3 次，以后则随日龄的增长和采食量的增加，饲喂次数可以适当减少到 5~6 次。这种饲喂方法饲料单一，营养不全面，雏鸭生长发育慢，成活率低。

随着养鸭业的发展，目前养鸭场或养鸭专业户，几乎全部饲喂破碎或小颗粒的全价颗粒料。饲喂这种饲料，雏鸭易啄食、不粘喙、喜采食。可用浅盘喂料，不分餐次，晚上加上照明灯，日夜任其自由采食。雏鸭增重快，成活率高，放牧饲养时觅食力强，生长发育良好。

3."开青"

即开始喂给青绿饲料。饲养量少的养鸭户往往采用补充青饲料的办法，弥补维生素的不足。青料一般在雏鸭开食后 3~4 天喂给。可将青料切碎后单独喂给，不掺入精料中饲喂，以免影响精饲料的采食量。

4."开荤"

即给雏鸭开始饲喂新鲜的荤食（如小鱼、小虾、黄鳝、泥鳅、螺蛳、蚯蚓和蛆）等。一般在 5 日龄左右就可以开荤，先以黄鳝、泥鳅为主，日龄稍大些以小鱼、螺蛳和蛆为主。

开青和开荤均为传统养鸭的饲喂方法，现代规模养鸭饲喂全价颗粒料无需另外再饲喂青料和荤食。

5．及时分群

雏鸭在"开水"前，一般吃料 3 天左右，可逐只检查，将采食少或者不采食的放在一起饲养，适当增加饲喂次数，比其他雏鸭的环境温度提高 1~2℃。同时，要查看是否有其他疾病等原因，对有病的要对症采取措施，如将病雏分开饲养或淘汰。再是根据雏鸭各阶段的体重和羽毛生长情况分群，各品种都有自己的标准和生长发育规律，各阶段可以抽称 5%~10% 的雏鸭体重，结合羽毛生长情况，为达到标准的要适当增加重量，超过标准的要适当扣除部分饲料。

6. 放水和放牧

放水要从小开始训练，开始的头 5 天可与开水结合起来，若用水盆给水，可以逐步提高水的深度，然后将水由室内逐步转到室外。若是人工控制下水，就必须掌握先喂料后下水，且要等到雏鸭全部吃饱后自然下水，千万不能硬赶下水。雏鸭下水的时间，开始每次 10~20 分钟，逐步延长，可以上午、下午各 1 次，随着水上生活的不断适应，次数也可逐步增加。下水的雏鸭上岸后，要让其在无风而温暖的地方梳理羽毛，使身上的湿毛尽快干燥后进育雏室休息，千万不能让湿毛雏鸭进育雏室休息。

雏鸭能够自由下水活动后，就可以进行放牧训练。放牧训练的原则是：距离由近到远，次数由少到多，时间由短到长。可是放牧时间不能太长，每天放牧两次，每次 20~30 分钟，就让雏鸭回育雏室休息。随着日龄的增加，放牧时间可以延长，次数也可以增加。随着日龄的增加，放牧时间可以延长，次数也可以增加。适合雏鸭放牧的场地有稻秧田、慈姑田、芋头田，以及浅水沟、塘等，这些场地水草丰盛，浮游生物、昆虫较多，便于雏鸭觅食。但是要注意水田作物茎叶长得太高、施过化肥、农药的水田或场地均不能放牧，以免中毒。

7. 饲喂次数与喂量

10 日龄以内的雏鸭，每昼夜喂 6 次，即白天为 4 次，夜晚为 2 次；11~20 日龄的小鸭可以减少为每昼夜为 4~5 次，即白天和夜晚各减少一次，可以白天喂 3 次，夜晚为 2 次，也可以白天为 4 次，夜晚为 1 次。如果已经开始放牧饲养，则应根据觅食情况而定，如放牧地野生饲料多，中餐可不喂，晚餐可以少喂，但放牧前的早餐，应适当喂点精料，以增强活动能力。

雏鸭的给食量，开始 3 天要做适当控制，只让它吃七八成饱，3 天以后，就要放开饲喂，每次都要让它吃饱，但不能过饱。喂料时，饲养员要精心观察，如发现鸭子吃过料以后还跟着饲养员，并不断鸣叫，这是没有吃饱的表现，说明喂料不足，要适当补加一点，或在中间加喂 1 次青饲料。如果精料量已经按标准喂给了，则可以适当增加点青、粗饲料，以填饱肚子。雏鸭采食速度开始慢，以后快；吃粒料快，吃粉料慢。一般每次喂食 10 分钟左右，不超过 15 分钟。饮水要清洁，必须保持终日不断水。

小型蛋鸭精料用量可以按每天 2.5 克的喂量递增，即 1 000 只雏鸭，第一天煮 5 千克的夹生饭，第二天煮 5 千克，第三天煮 7.5 千克，如此每千只按每天 2.5 千克的精料量递增，一直加到 50 日龄为止。50 日龄时，每千只雏鸭每天消耗 125 克精饲料，以后维持这个水平，105 日龄（15 周龄）前基本不增加精料量。进行适当的控制饲养，如鸭群饥饿感明显，有强烈的求食欲时，可适当加喂青、粗饲料充饥。

（三）雏鸭管理要点

1. 掌握适当温度，切忌忽冷忽热

雏鸭要求的适宜温度前已叙述，饲养员要按照这个标准给温。如限于条件，达不到这个标准时，略低 1~2℃ 也不要紧，只要做到平稳就好，切忌给温时高时低，因为忽冷忽热的环境最容易招致疾病。育雏室的温度对雏鸭是否合适，只要观察一下鸭的动态、听一下鸭的叫声就会心中有数。如雏鸭散开来卧伏休息，睡得很香，没有怪叫声，这说明温度合适；如雏鸭缩颈耸翅，互相堆积，不断往鸭堆里边钻，或向上面爬，并发出吱吱的尖叫声，这说明温度太低，需要保温或升温。

雏鸭温度的管理，关键的是在第一周，尤以头 3 天最困难，也最重要，必须昼夜有人值班，决不可麻痹大意。

2. 及时分群，严防扎堆

育雏期内，常因温度管理不合适，雏鸭相互堆挤，被挤在中间或被压在下面的鸭，重则马上窒息死亡，轻则全身"湿毛"，稍有不慎，便感冒致病。有时温度并不低，在食后休息或光线较暗时，雏鸭也有相互堆集的现象，管理人员随时注意，尤其在雏鸭临睡前和刚睡着后，要多次检查，发现打堆，要及时分开，过半个小时后，再检查一遍，如仍有打堆现象时，再分一次，决不可任其堆压过久，形成"湿毛"。分堆工作从育雏开始，一直到 15 日龄左右；15 日龄还需要注意，但最关键的是在 10 日龄以内，尤其是 5 日龄内的小鸭。分堆与保暖工作要结合起来，日夜都要精心照管。

分群和分堆内容相似，分群是指大范围而言，分堆是指小范围讲的。同一批雏鸭，少则几百只，多则数千只，这样多的鸭，不能混为一群，要按大小、强弱、日龄等不同分为若干个小群，每群 300~600 只为宜，作为一个小的喂食和管理单位。群分好以后，在一般情况下，不再随便混合，以后再隔一星期调整一次，调整时，只将最大、最强的和最小、最弱的雏鸭提出，然后将各群强大者合为一群，弱小者合为一群。这样各种不同类型的鸭都能得到合适饲养条件和环境，可保持正常的生长发育。

3. 从小调教下水，逐步锻炼放牧

蛋用鸭神经敏感，胆子较小，要从育雏期开始，饲养员要进行训练调整，使它在接近陌生人或放牧、下水时都不会心惊胆战，以免受惊。饲养员要定时进鸭舍巡视，把长久卧伏在地的鸭子赶起来走走，一方面是活动活动筋骨，另一方面是锻炼它的胆子，使它在环境因素中快速适应，不至于受惊吓。

下水要从小开始训练，千万不要因为小鸭怕冷、胆小、怕下水而停止。开始 1~5 天，可以与小鸭"点水"结合起来，即在鸭篓内点水。早春天气冷，晴天是可以在室外铺一张尼龙薄膜，四边垫高，中间倒上清水，水深 2 厘米左右，水倒好后让太阳晒一会儿，待水稍温后，再把鸭子放进去。用这种方法锻炼下水，鸭不感到冷，连续几天后，雏鸭就习惯下水了。第 5 日时，就可以让其自由下水活动了。注意每次下水上来，都要让它在无风温暖的地方，梳理羽毛，使身上的湿毛尽快干燥，千万不可带着湿毛入窝休息。下水活动，夏季不能在中午烈日下进行，冬季不能在阴冷的早晚进行。

5 日龄以后，即雏鸭能够自由下水活动后，就可以进行放牧。开始放牧宜在鸭舍周围，适应以后，可慢慢延长放牧路线，选择理想的放牧环境，水稻田、浅水河沟或湖塘、种植荸荠、芋头的烂水田，种植莲藕、慈姑的浅水池塘，这些地方水草茂盛，昆虫滋生，浮游生物多，是雏鸭放牧的好场所。放牧水稻田、茭白田时要注意，若禾苗已经长高，已全部遮蔽，则不宜放鸭进去。放牧的时间要由短到长，逐步锻炼，不可因为雏鸭放出去精神活泼，就任其长时间活动，要适当控制。放牧的次数也不能太多，雏鸭阶段，每天上下午各放牧一次，中午休息。每次放牧的时间，开始时 20~30 分钟，以后慢慢延长，但不要超过一个半小时。雏鸭放入水稻田后，要到清水中游洗一下，然后上岸理毛休息。

4. 搞好清洁卫生，保持圈窝干燥

随着雏鸭日龄增大、排泄物不断增多，鸭篓和圈窝极易潮湿、污秽，这种环境会使雏鸭羽毛沾湿、弄脏，并有利于病原微生物繁殖，必须及时打扫干净，勤换垫草，保持篓内和圈窝内的干燥清洁。换下的垫草要经过翻晒晾干，方能再用，但晒热的垫草不能立即关鸭，以防中暑。圈窝的垫草干燥松软，雏鸭才能睡得舒服，睡得长久；潮湿的圈窝，雏鸭睡下后由于不舒服，常常会"起哄"，久而久之，不仅影响生长，甚至会使腹部绒毛烂脱。育雏舍的周围环境也要经常打扫，四周的排水沟必须畅通，以保持干燥、清洁、卫生的良好环境。

5. 建立一套稳定的管理程序

蛋鸭有集体生活的习性，合群性很强，神经类型较为敏感，它的各种行为要在雏鸭阶段开始培养。例如：饮水、吃料、下水游泳、上滩理毛、入圈歇息等，都要定时、定地，每天有固定的一套管理程序，形成习惯后，不要轻易改变，如果改变，也要逐步改变。饲料品种和调制方法的改变也是如此。如频繁的改变饲料品种和生活秩序，不仅影响生长，也会造成疾病，降低育成率。

第二节 育成鸭的饲养管理

育成鸭一般指 5~16 周龄或 18 周龄开产前的青年鸭。这一阶段培育的目标是进行科学的饲养管理，加强锻炼，提高生活力；使生长发育整齐，开产期一致，为产蛋期的稳产高产打下良好的基础。

一、育成鸭的生理特点

1. 体重增长和羽毛生长规律

以绍兴鸭为例，绍兴鸭的体重在 28 日龄以后绝对增重快速增加，

42~44日龄达到最高峰，56日龄起逐渐降低，然后趋于平稳增长，至16周龄的体重已经接近成年体重。成年棕色麻雀毛在育雏结束时才将要长出，42~44日龄时胸腹羽毛已经长齐，平整光滑，达到"滑底"，48~52日龄的鸭已经达到"三面光"，52~56日龄已经长出主翼羽，81~91日龄腹部已换好第二次新羽毛，102日龄鸭全身羽毛已长齐，两翅主翼羽长齐。从体重的增长和羽毛生长规律来看，在正常饲养管理的情况下，育成期末的生长已趋向结束，而进入产蛋前期。在这一时期，不管是哪种饲养方式，都应保证蛋鸭日粮中各种营养物质的平衡，使之体重的增长、羽毛的生长按本品种特征按时一致出现。

2. 性器官发育规律

育成鸭快到10周龄后，在第二次换羽期间，卵巢上的卵泡也在快速长大，到12周龄后，性器官的发育尤为迅速，有些育成鸭到90日龄左右便就开始产蛋。因此，为了保证育成鸭的骨骼和肌肉的充分生长发育，必须严格控制育成鸭过早性成熟。

3. 生活习性

适应性和合群性都很强，可塑性较大，适于调教和培养良好的生活规律，为后期放牧或圈养打下基础。

（1）育成鸭在采食上的特点是食量大、食性广　饲养人员要善于利用能吃、好动、易饥饿这个特点，把食性广的特性培养起来，使它能适应各种不同的饲料，并在任何环境中，都敢于采食新的饲料品种，到了放牧的时候，才能充分利用各种野生的饲料资源。这个习惯在青年鸭时期培养好后，进入产蛋期中，即使饲料品种更换，也不会严重影响产蛋率。

（2）育成鸭运动特点是好动，善于觅食　在放牧的时候，如果牧地天然饲料丰富，或活动场地好，常常整天奔波，不肯休息。这样营养物质消耗过大，如不予控制，就会影响生长发育。

（3）育成鸭还能吃能睡　根据这个特点，在每次吃饱以后，就要让它洗澡、梳毛，然后入舍睡觉，养成这个习惯以后，青年鸭生长很快。伴随着肌肉和骨骼生长的同时，青年鸭羽毛的生长也急速进行，羽毛长出来时，特别是翅部羽毛，当羽轴刚出头时，稍一挤碰，就疼痛难受，这时的鸭子神经很敏感，怕互相撞挤，喜欢疏散。如群中有几只鸭子受到碰挤而急忙奔逃时，可能会引起全群骚动，使更多的鸭子皮肤受伤出血、羽轴被折断，影响生长发育。所以，饲养青年鸭时要根据生长情况，不断扩大棚舍、疏散鸭群，不能太拥挤。特别要防止兽害、鼠害的侵袭，更要防止夜间停电，否则易使鸭群因受惊吓而拥挤受伤。

二、育成鸭的饲养方式

根据我国的自然条件和经济条件，以及所饲养的品种，育成鸭饲养方式主要有以下几种。

1. 放牧饲养

放牧饲养是我国传统的饲养方式。放牧是在平地、山地和浅水、深水中潜游觅食各种天然的动植物性饲料，节约大量饲料，降低生产成本，同时使鸭群得到和好的锻炼，增强体质，但费人力，大规模生产时采用放牧饲养的方式将越来越少。放牧饲养要注意以下几点。

（1）出牧逆流而上，收牧顺流而下 一般鸭子刚出牧时，体力足，捕食欲强，应逆流而上。收牧时鸭已吃饱，且活动了一天必然疲倦，宜顺流而下，迅速返舍。在春寒、秋冬季节，遇刮风天气，应迎风而牧，避免风掀鸭羽，失热过多，鸭体受凉。

（2）新鸭要压、老鸭要逼 当年母鸭精力旺盛，活动性强，喜游走前奔，特别是在饲料较多的地域要加以控制，让其就地充分采食。二年母鸭行动缓慢，在饱食之后，喜卧伏不起，要经常哄赶，使之活动戏水或前行找食。

（3）防暑防毒 夏季要注意防暑，早出晚归。中午让鸭在树荫下休息。夏收期间，可在上下午天气凉爽时放农田，中午赶到水深的河流、湖泊浮游，傍晚收牧后看鸭的饥饿程度适当补料，并在运动场活动到深夜，待凉爽后驱鸭入舍。夏季农药使用较多，在放牧时，要防止药害的发生，特别是杂交稻病虫害高峰时，普遍使用农药，如遇突降暴雨，雨水流入小沟、大河，引起小鱼小虾的死亡，如鸭吃食这种死鱼死虾后，即可因为农药中毒和肉毒梭菌中毒而死亡。

（4）防寒 俗话说："保暖如保膘"。冬季鸭群要早收牧，迟放牧。鸭舍要做到断风、断雨、断雪，同时要勤换垫草，保持鸭舍干燥保温，冬季舍温应在 10℃以上。

2. 半圈养

鸭群活动在鸭舍、陆上运动场和水上运动场，不外出放牧。吃食、饮水可以设在舍内，也可设在舍外，一般不设饮水系统，饲养管理不如全圈养那么严格。其优点与全圈养一样，减少疾病传染源，便于科学饲养管理。这种饲养方式一般与养鱼的鱼塘结合在一起，形成一个良性循环。它是我国当前养鸭中采用的主要方式之一。

3. 圈养

育成鸭饲养的全程适中在鸭舍内进行，称为全舍饲圈养或关养。这种饲养方式与肉鸡舍内地面厚垫料（网状、栅状）平养相似。环境条件可以控制，受自然界制约的因素较少，有利于贯彻科学养鸭，达到高产稳产。可以节约劳动力，提高劳动生产率。一般采用放牧饲养，一个劳力只能管 200~300 只鸭子，而且劳动强度大，无论严寒酷暑，人跟鸭子跑，非常辛苦；采用圈养方法，如饲料运到场，一个人可以管理 1 000 只，劳动效率大大提高，劳动强度也大大减轻，妇女、老人都可担任。还可以降低传染病的发病率，减少中毒等意外事故。由于圈养以后，和外界接触相对减少，因而农药中毒和传染病的感染机会都比放牧时减少，从而提高了成活率。但此法饲养成本较高。

（1）圈养鸭的分群与密度　育成鸭圈养的规模，可大可小，但每个鸭群的组成，不宜太大，以 500 只左右为宜。分群是要尽可能做到日龄相同，大小一致，品种一样，性别相同。

饲养密度随着鸭龄、季节和气温的不同而变化，一般可按以下标准掌握：4 到 10 周龄，每平方米 15 到 10 只；11~20 周龄，每平方米 10 到 8 只。

冬季气温低，每平方米适当多关几只；夏季气温高，每平方米少关几只。鸭子生长快，密度略小些；鸭子生长慢，密度略大些。

（2）圈养鸭的饲料　圈养与放牧完全不同，基本上采食不到任何野生饲料，完全依靠人工饲喂。因此，对青年鸭生长期内所需的各种营养物质，特别是长骨骼、长羽毛所需的营养，都要予以满足。饲料要尽可能的多样化，以保持能量、蛋白质的平衡，使含硫氨基酸、多种维生素、无机盐都有充足的来源（表3-3）。

表3-3　育成鸭的主要营养素需求（每千克日龄中含量）

周龄	代谢能（千焦/千克）	粗蛋白质（%）	钙（%）	磷（%）
5~9	11 000~11 500	16~18	0.8~1.0	0.45~0.50
10~18	11 000~11 500	13~15	0.8~1.0	0.45~0.50

培育中期的育成鸭，日粮中的蛋白质水平不需太高，这是因为：从生理上看，这个时期鸭体的性腺开始活动，性器官发育迅速，如喂给高蛋白质饲料，则加快性腺的发育，促使早熟早产，而此时鸭体的骨骼尚未充分发育，致使鸭子骨骼纤细，体型变小，虽开产提前，往往蛋重轻，产蛋持久力差，造成早产早衰。因此，适当控制蛋白质的水平，控制性腺的发育，保证鸭体的均衡发展，为以后的稳定高产打下基础；从经济上看，日粮中蛋白质水平高，育成期饲料成本大，支出费用多，影响经济效益。

育成鸭的日粮中，钙的含量也要适宜。这个时期母鸭的需钙量不多，如在日粮中含钙量较低时，其体内保留钙的能力很强，当开始产蛋并喂给高钙日粮时，它能对钙继续保持高度的利用能力。如在生长阶段喂给高钙日粮，青年鸭体内对钙的保存能力就会降低，当进入产蛋期时，需要较多的钙质以形成蛋壳，此时势必动用一定数量体内贮存的钙，使得原为长期产蛋所贮存的钙量下降，如日粮配制不当，就会影响产蛋的持续性。

由于蛋鸭尚未制定完善的饲养标准，在实践过程中，要看生长发育的具体情况，酌情修订。如蛋用型品种绍兴鸭，正常的开产日龄是130~150天，标准开产体重是1.4~1.5千克，如体重超过1.5千克以上，则认为体重过于肥大（其特征是身圆颈粗，不爱活动），影响及时开产，应采取轻度的限制饲养，适当多喂些青饲料和粗饲料。对发育差、体重轻的鸭，要适当提高饲料质量，每只每天的平均喂料量可掌握150克左右，另加少量的动物性鲜活饲料，以促进生长。

育成鸭的饲料，全部用混合粉料，不用玉米、谷、麦等原粮，要粉碎加工后制成混合粉料，喂饲前加适量清水，拌成湿料生喂，每日每只需喂 3~4 次，每次喂料的间隔时间尽可能相等，避免采食时饥饱不匀。

三、育成鸭的饲养管理要点

1. 饲料与营养

育成期与其他时期相比，营养水平宜低不宜高，饲料宜粗不宜精，目的是使育成鸭得到充分锻炼，使蛋鸭长好骨架。因此，5~12 周龄日粮中代谢能为 11.3~11.5 兆焦 / 千克，蛋白质为 16%；13 周龄至初产代谢能为 11.1 兆焦 / 千克，蛋白质为 13%，半圈养鸭尽量用青绿饲料代替精饲料和维生素添加剂，占整个饲料量的 30%~50%。

2. 限制饲喂

放牧鸭群由于运动量大，能量消耗也大，且每天都要不停地找食吃，整个过程就是很好的限喂过程。而圈养和半圈养鸭让其自由采食，往往体重大大超过其标准体重，造成体内脂肪沉积而过肥，成熟早，产蛋早，蛋重小，开产不一致，并会影响今后的产蛋率。因此，要特别重视圈养和半圈养鸭的限制饲喂。通过限制饲喂，还能节省饲料，一般可节约 10%~15%，并且可降低产蛋期的死亡率。

限制饲喂一般从 8 周龄开始，到 16~18 周龄结束。限制饲喂有以下两种。

（1）限量法　按育成鸭的正常日粮（代谢能 10.8 兆焦 / 千克，蛋白质 13%~14%）的 70% 供给。

（2）限质法　饲喂代谢能为 9.6~10 兆焦 / 千克、蛋白质为 14% 左右的低能日粮或代谢能为 10.8 兆焦 / 千克、蛋白质为 8%~10% 的低蛋白质日粮。

具体喂法有两种：一是将全天的饲喂量在早晨 1 次喂给，吃完为止；二是将 1 周的总量分为 6 天喂完，停喂 1 天。

限制饲喂喂料时，要确保每只鸭能同时均匀地采食。对于圈养鸭，要提供足够量的食槽或料桶；半圈养鸭可将运动场地冲洗打扫干净，将料撒至运动场让鸭采食。

为了检查限制饲喂的效果，限饲期要定期称重，最后将体重控制在一定范围，如小型蛋鸭开产前的体重只能在 1.4~1.5 千克。表 3-4 表示小型蛋鸭育成期各周龄的体重和饲喂量，供参考。如不达周龄体重，下周应酌情增料；但增料幅度不能太大；如超过周龄体重，下周喂料量不变，直至达到周龄体重后再增料。

表 3-4　小型蛋鸭育成期各周龄的体重和饲喂量

周龄	体重（克）	平均喂料量 [克 /（只·日）]
5	550	80
6	750	90
7	800	100
8	850	105
9	950	110
10	1050	115
11	1100	120
12	1250	125
13	1300	130
14	1350	135
15	1400	140
16	1400	140
17	1400	140
18	1400	140

3. 分群与密度

在鸭的生长发育过程中，由于饲养管理及环境等多种因素的影响，难免会出现个体差异。育成阶段鸭对外界环境也十分敏感，因饲养密度较高或缺乏某种营养元素是，易引起啄癖。因此，为了使鸭群生长发育一致，防止啄癖的发生，育成期的鸭要及时按体重大小、强弱和公母分群饲养。一般放牧是每群为 500~1 000 只，而舍饲鸭主要分成 200~300 只为一小栏分开饲养。其饲养密度，因品种、周龄而不同，一般 5~8 周龄每平方米地面养 15 只左右，9~12 周龄每平方米 12 只左右，13 周龄起每平方米 10 只左右。

4. 光照

育成鸭的光照时间宜短不宜长。育成鸭从 8 周龄起，每天光照 8~10 小时，光照度为 5 勒克斯，其他时间可以用朦胧光照。

5. 通风换气

鸭舍要保持新鲜空气，尤其是圈养鸭舍，即使在冬季，每天早晨喂料前都应首先打开门窗通风，排除舍内污浊的气体。

6. 保持鸭舍干燥

鸭是水禽，平时喜欢水，但并不是整天喜欢潮湿。如整天生活在潮湿的环境里，鸭易患腿部疾病，种鸭不能配种，严重者无法饮水和采食，最后而死亡。因为，放牧鸭群回鸭舍时，先让其在舍外理毛，使羽毛干燥后进舍。圈养鸭每天要添加垫料，或定期清除湿垫料。饮水器应防止在有网罩的排水沟上方，不让水滴到垫料上。

7. 多与鸭群接触，提高鸭子胆量，防止惊群

青年鸭的胆子小，蛋用品种神经尤为敏感，要在青年鸭时期，利用喂料、喂水、换草等机会，多与鸭群接触。如喂料的时候，人可以站在旁边，观察采食情况，让鸭子在自己的身边走动，遇有"娇鸭"静伏在身旁时，可用手予以抚摸，久而久之，鸭就不会怕人了。如认为鸭子胆小怕人，避而不接近，这样越避胆子越小，长大以后，仍是怕人，遇有生人走近，或环境改变时，容易惊群，造成严重损失，这是圈养鸭和放牧鸭的不同之处。放牧鸭经历各种环境，胆子大，而圈养鸭要有意识培养，才能提高胆量。

8. 预防疾病

不管是采用哪种饲养方式，都应根据当地疫病的流行特点，做好预防工作，如定期做好鸭瘟、禽出败、传染性浆膜炎等免疫工作。放牧鸭群采食的自然饲料中，含有较多的肠道寄生虫，尤其是绦虫，因而要定时检查，进行必要的驱虫。

9. 做好记录工作

生产鸭群的记录内容包括鸭群的数量、日期、日龄、饲料消耗、鸭群变动的原因、疾病预防情况等。育种群记录按育种要求记录要更详细些。

10. 建立一套稳定的作息制度

圈养鸭的生活环境比放牧鸭稳定，要根据鸭子的生活习性，定时作息，制定操作规程。形成作息制度后，尽量保持稳定，不要经常变更。

5 时 30 分：开门放鸭出舍，接着在水面撒一些水草，让鸭洗澡、活动、食草。然后拌好饲料，喂第一餐饲料。喂料后，让鸭自由下水，在水围内浮游活动，然后上鸭滩理毛休息。饲养员进鸭舍，打扫干净，垫好干草。

8 时 30 分—10 时 30 分：赶鸭入舍休息。

10 时 30 分：饲养员入舍，先赶鸭在舍内作转圈运动 5~10 分钟后，再放鸭出门，下水活动，在水面撒一些水草，任其采食片刻。接着拌好饲料，进行第二次喂料。鸭吃完饲料后，任其自由下水，在水围浮游活动，然后上鸭滩理毛休息。

13 时—15 时 30 分：赶鸭入舍内休息。

15 时 30 分：饲养员入舍，赶鸭在舍内作转圈运动 5~10 分钟，再放出门，下水活动。在水面撒一些水草，任其采食片刻。

16 时 30 分—17 时：接着拌好饲料，进行第三次喂料。鸭吃完饲料后，任其自由下水，在水围内浮游活动，然后上鸭滩理毛休息。饲养员将饲料槽、水盆洗净、晾干，在鸭舍内垫好干草。

17 时 30 分—18 时：舍内开亮电灯，放好清洁饮水，然后赶鸭入舍休息。

21 时：饲养员入舍加 1 次清水，或者加喂一次饲料（根据鸭子的生长情况而定）。

这样的操作流程，把鸭子的休息、采食、下水活动、上岸理毛、入舍睡觉，一整天的活动，安排得井井有条，有利于生长发育。同时视鸭子日龄不同或气候变化，可以做适当的改变。冬季推迟放鸭，缩短休息时间；夏季提早放鸭，推迟关鸭，延长中午休息和上下午下水的时间。

第三节　产蛋鸭的饲养管理

一、产蛋鸭的生活习性

1. 产蛋鸭胆大

与青年鸭时期不同，产蛋以后，胆子大起来，不但见人不怕，反而喜欢接近人。

2. 产蛋鸭觅食勤

无论是圈养和放牧，产蛋鸭（尤其是高产鸭）最勤于觅食，早晨醒得早叫得早，出舍后四处寻食，放牧时到处觅食，喂料是最先响应，热火抢食，下午放牧或入舍时，虽然吃得很饱了，总是走在最后，恋恋不舍地离开牧区。

3. 产蛋鸭性情温顺，喜欢离群

开产以后的鸭子，性情变得温和起来，进鸭舍后就独自伏下，安静地睡觉，不乱跑乱叫，放牧出去，喜欢单独活动。

4. 产蛋鸭代谢旺盛，对饲料要求高

由于连续产蛋的需要，消耗的营养物质特别多，如每天产一个蛋，蛋重按 65 克计算，则需要粗蛋白质 8.78 克（按粗蛋白质含量占圈全蛋的 13.5% 计算），粗脂肪 9.43 克（按粗脂肪含量占全蛋的 14.5% 计算）。此外，还有无机盐和各种维生素。饲料中营养物质不全面，或缺乏某几种元素，则产蛋量下降，如蛋数减少，蛋个头变小，蛋壳变薄，或蛋的内容物变稀变淡，或鸭体消瘦，直至停产。所以，产蛋鸭要求质量较高的饲料，特别是喜欢吃动物性鲜活饲料，而在青年鸭时期常吃的粗饲料，此时已经不爱吃了。

5. 产蛋鸭要求环境安静，生活有规律

鸭子产蛋在正常情况下，都在凌晨 1—2 时，此时夜深人静，没有任何吵扰，最适合鸟类繁殖后代的特殊要求。如在此时突然停止光照（停电等），则要引起骚乱，出现惊群。除产蛋以外的其余时间，鸭舍内也要保持相对安静，谢绝陌生人进出鸭舍，严防各种鸟兽动物在舍内窜进窜出。在管理制度上，何时放鸭，何时喂料，何时休息，都要建立稳定的生活规律。如改变喂料餐数，大幅度调整饲料品种，都会引起鸭群生理机能紊乱，造成停产减产的后果。

二、影响产蛋的因素

1. 品种因素

产蛋率的高低，产蛋期的长短、蛋的大小等，都与品种有密切关系。如兼用品种年产蛋150枚左右，而蛋用品种一般年产蛋都在220~260枚，经选育的蛋鸭品种可达300枚以上。因此，为了获得高产，要选择优良的蛋鸭品种，如我国的绍兴鸭、金定鸭。

2. 育成鸭的质量

必须从育雏鸭的质量抓起，购进的雏鸭要健康，脐部吸收的好，无跛脚、残缺，并要注意公母鉴别。育雏期和育成期都要精心饲养管理，确保育成鸭健康，体况好。

3. 营养因素

进入产蛋期后，蛋鸭对营养物质的需要量比以前各个阶段都要高，除用于维持生命活动必需的营养物质外，更需要大量由于产蛋所必需的各种营养物质。如绍兴鸭和金定鸭，第一个产蛋年中，平均可以产出20千克左右的鲜蛋，相当于鸭子本身体重的13倍左右，如不能在日粮中提供足够的营养物质，实现高产是不可能的。对蛋白质、能量、钙等3种主要营养素的需要见前面章节。

4. 环境因素

环境因素较复杂，主要是为产蛋提供安静舒适的环境，减少刺激。其中以温度和光照对产蛋影响最大。

（1）光照　光照的主要作用是刺激脑下垂体加强分泌促性腺激素，促进卵巢的发育和维持性活动，从而分泌卵泡激素和排卵诱导素，促进卵泡成熟并排卵。在育成期，控制光照时间，目的是防止青年鸭的性腺提早发育，过于早熟；即将进入产蛋期时，要有计划地逐渐增加光照时间，提高光照强度，目的是促进卵巢的发育，达到适时开产；进入产蛋高峰期后，要稳定光照制度（光照时间和光照强度），目的是保持连续高产。

光照强度是指光线照射的亮度，又称照度，常用勒克斯作为照度单位。1 勒克斯相当于每平方米面积上有 1 个流明。灯泡的功率以瓦（W）来计算，1 瓦等于 12.65 流明。由于灯泡发出的光一部分被墙壁、天花板、设备等吸收，所以有效光线约为 45%，1 瓦实际只有 5.654 个有效流明。

产蛋期的光照强度以 5~8 个勒克斯为宜，如灯泡高度离地 2 米，一般每平方米鸭舍按 1.3~1.5 瓦计算，大约 18 米^2 的鸭舍装一盏 25 瓦的灯泡。安装灯泡时，灯与灯之间的距离相等，悬挂的高度要相同。大灯泡挂得高，距离宽，小灯泡则相反。实际使用时，通常不用 60 瓦以上的灯泡，因为大灯怕光线分布不匀，且费电。日光灯受温度影响较大，一般也不使用。灯泡必须加灯罩，使光线照到鸭的身上，而不是照着天花板。鸭舍灰尘多，灯泡要经常擦拭，保持清洁，以免蒙上灰尘，影响亮度。

光照效果一般需要 7~10 天才能产生，故在产蛋期内，不能因为达不到立竿见影的效果而突然增加光照时数或提高光照强度。一般每次增加量不超过 1 小时，增加后要稳定 5~7 天。

进入产蛋期的光照原则是：只宜逐渐延长，直到达到每昼夜光照 16~17 小时，不能缩短；不可忽照忽停，忽早忽晚；光照强度不宜过强或过弱，只许渐强，直至达到每平方米 8 勒克斯照度，不许忽强忽弱；否则将使产蛋的生理机能受到干扰，严重影响产蛋率。

合理的光照制度，能使青年鸭适时开产，使产蛋鸭提高产量；不合理的光照制度，会使青年鸭的性成熟提前或推迟，使产蛋鸭停产减产，甚至造成换羽。

合理的光照制度要与日粮的营养水平结合起来实施，进入产蛋期前后，如只改变日粮配方，提高营养水平和增加饲喂量，而不相应增加光照时数，生殖系统发育慢，易使鸭体积聚脂肪，影响产蛋率。反之，只增加光照，不改变日粮配方，不提高营养水平和增加喂量，会造成生殖系统和整个体躯的发育不协调，也会影响产蛋率。所以二者要结合进行，在改变日粮的同时或前一周，即可增加光照时间。

（2）温度　为了充分发挥优良蛋鸭品种的高产性能，除营养、光照等因素外，还要创造适宜的环境温度。鸭是恒温动物，虽然对外界环境温度的变化，有一定的适应能力，但超过一定的限度，就要影响产蛋量、蛋重、蛋壳厚度和饲料的利用率，也影响受精率和种蛋孵化率。鸭没有汗腺可以散热，当环境温度超过30℃时，体热散发慢，尤其在圈养而又缺乏深水活水运动场的情况下，由于高温影响，采食量减少，正常生理机能受到干扰，蛋重减轻，蛋白变稀，蛋壳变薄，产蛋率下降，严重时可以引起中暑；如环境温度过低，鸭体为了维持体温，势必白白消耗很多能量，使饲料利用率明显下降。当外界环境处在冰冻（0℃以下）的情况时，鸭群行动迟缓，产蛋率明显下降。

成年鸭适宜的产蛋温度范围是5~27℃，而产蛋鸭最适宜的温度是13~20℃，此时产蛋率和饲料利用率都处于最佳状态。因此，要尽可能地创造条件，提供理想的产蛋环境温度，以获得最高的产蛋率。

5. 健康因素

要使蛋鸭高产，必须要有健康的身体。鸭场要建立完善的消毒和防疫措施，严格实行鸭场卫生管理制度。要搞好环境卫生，做好主要传染病的防疫工作，减少疾病发生的机会，才能保持蛋鸭稳产高产。

6. 产蛋季节

季节对产蛋的影响体现在自然环境条件下的综合作用上。一年四季，各季温度、相对湿度、光照均不相同，天然饲料资源也随着季节的变化。一般来说，春鸭产蛋期长，产蛋率较高。

7. 蛋鸭利用年限

蛋鸭大都在110~120日龄时开产，190~200日龄时可以达产蛋高峰。如果饲养管理精细，高峰期可延长至450日龄以上。通常第一个产蛋年产蛋量最高，以后逐年下降。一般蛋用鸭利用1.5~2.0年。

三、产蛋鸭的饲养管理要点

产蛋鸭的饲养管理分为圈养和放牧两种形式。随着养鸭业的迅速发展，加上水域的开发利用，环境保护的要求，在城镇郊区的养鸭多以圈养为主，农村小规模饲养多以放牧为主。

圈养方式是将蛋鸭圈在固定式棚舍内。有两种形式，一种是有水陆运动场；另一种是全关养，没有水陆运动场。全关养又有地面平养和笼养两种。目前生产上笼养方式还比较少见。圈养蛋鸭在棚舍内饲养，受季节、气候、环境和饲料等影响较小，一年四季都可产蛋，饲料转化率高；劳动生产率也较高，是传统放养方式的10倍以上；圈养有利于防疫和新技术推广，有利于开展规模化、集约化生产。但圈养对饲料要求比较严格，饲料种类要多，营养成分要全面，适口性要好。

（一）产蛋期分期饲养管理要点

根据绍兴鸭、金定鸭和卡基·康贝尔鸭产蛋性能的测定，140日龄时，产蛋率可达50%，至190~200日龄时可达90%以上，在正常饲养管理条件下，高产鸭群高峰期可持续到450日龄以上，以后逐渐下降。因此，蛋鸭的产蛋期可分为以下四个阶段。

150~200日龄，产蛋初期。

201~300日龄，产蛋前期。

301~400日龄，产蛋中期。

401~500日龄，产蛋后期。

1. 产蛋初期（150~200日龄）和前期（201~300日龄）

当母鸭适龄开产后，产蛋量逐日增加。日粮营养水平，特别是粗蛋白质要随产蛋率的递增而调整，注意能量蛋白比的适度，促使鸭群尽快达到产蛋高峰，达到产蛋高峰期后要稳定饲料种类和营养水平，使鸭群的产蛋高峰期尽可能保持长久些。此期内白天喂3次料，晚上再加喂一次。采用自由采食，每只蛋鸭每日约耗料150克。光照时间逐渐增加，达到产蛋高峰期自然光照和人工光照时间应保持14~15小时。刚开产的鸭群满圈舍或运动场乱产蛋，以致产脏蛋、破蛋较多，严重影响商品蛋或种蛋的合格率。因此，应注意蛋鸭初产习性的调教。调教的方法是在圈舍的一边砌2米左右宽的产蛋间，并设置产蛋箱，每天添铺新鲜干燥的垫草，并放入少量鸭蛋作为引蛋。每天晚上，将产蛋间打开，让鸭进去产蛋，早晨关上，不让鸭弄脏产蛋间。为了防止蛋鸭晚上产蛋时受到害兽惊吓，可在产蛋间上方安装低功率的节能灯照明。这样经过8~10天的调教，95%以上的鸭都能习惯到产蛋间去产蛋。在产蛋前期内，每月应空腹抽测母鸭的体重，如超过或低于此时期的标准体重5%以上，应检查原因，并调整日料的营养水平。为了保持蛋鸭的兴奋性，调节激素分泌，产蛋鸭群中可配备一定比例的公鸭。一般非种鸭的公母比例为 1：（50~80）。但在蛋鸭的休产期、换羽期，应将公鸭隔离饲养，以免骚扰母鸭。

本阶段饲养管理是否恰当，可以从以下 3 个方面观察。

（1）看蛋重的增加趋势　初产时蛋很小，只有 40 克左右。到 200 日龄，可以达到全期平均蛋重的 90%，250 日龄时，可以达到标准蛋重。产蛋初期和前期，蛋重都处在不断增重之中，即越产越大，增重的势头快，说明是养的好。增重的势头慢，或者蛋重又低下来，说明养得不好，管理不当，要找出根源。

（2）看产蛋率的上升趋势　本阶段的产蛋率也是不断上升的，早春开产的鸭，上升更快。最迟到 230 日龄时，产蛋率应达到 90% 左右。产蛋率如有高低波动，甚至出现下降，要从饲养管理上找原因。

（3）观察体重变化　首先要将开产鸭体重称测一下，记下平均体重。如绍兴鸭到达开产日龄时的标准体重应是 1.4~1.5 千克。产蛋至 210 日龄、240 日龄、270 日龄和 300 日龄时，要每月抽样称测一次。体重维持原状，说明饲养管理得当。较大幅度的增加或下降都说明饲养管理有问题。一般说，营养不足时，体重下降，要提高饲料质量；体重增加，说明营养过度或能量蛋白之间的比例不当，要适当减料，或增加粗饲料的比例，在此期间，决不可让鸭体发胖。一般说，这个阶段内，营养不会多，应重点防止营养不足，鸭体消瘦。每次称测体重应在早晨空腹时进行，每次抽样称测的数量应占全群的 10% 左右。

2. 产蛋中期（301~400 日龄）

此期内的鸭群因已经入高峰期产量并持续产蛋 100 多天，体力消耗较大，对环境条件的变化敏感，如不精心饲养管理，难以保持高峰期产蛋率，甚至引起换羽停产，这是蛋鸭最难养的阶段。此期内的营养水平要在前期的基础上适当提高，日粮中粗蛋白质的含量应达 20%，并注意钙量的添加。日粮中含钙量过高会影响适口性，可在粉料中添加 1%~2% 的颗粒状壳粉，或在舍内单独放置碎壳片槽（盆），供其自由采食，并适量喂给青绿饲料或者添加多种维生素。光照总时间稳定保持 16~17 小时。在日常管理中要注意蛋壳质量有无变化，产蛋期间是否集中，精神状态是否良好，洗浴后羽毛是否湿等，以便及时采取有效措施。

本阶段饲养管理是否恰当，主要看产蛋率是否稳定在高峰期为标准。在此阶段内，蛋重也比较稳定，稍有增加的趋势。如果蛋重下降，则是不祥之兆，应研究原因，寻找对策。体重也应维持初产时的水平，仍需要定期进行称测。在日常管理中，还要细心观察。

（1）蛋壳质量　如蛋壳光滑厚实，有光泽，这是好的；蛋形变长，蛋壳薄，透亮，有沙点，甚至产软壳蛋，说明饲料质量不好，特别是钙质不足，或维生素 D 缺乏，要予以补充，否则要减产。

（2）产蛋时间　正常产蛋时间为深夜 2 时，产蛋时间集中，蛋也产的集中整齐；若鸭群出现每天推迟产蛋时间的现象，甚至出现白天产，蛋产的稀稀拉拉，非常分散，这也是不好的兆头，如不采取措施，将要停产减产。

（3）鸭群的精神状态　如鸭子精神不振，行动无力，放出后怕下水，下水后羽毛沾湿，甚至沉下。说明这群鸭营养不足，必将出现停产减产，要立即采取措施，增加营养，加喂动物性鲜活饲料，并补充点鱼肝油（以喂清鱼肝油较好，拌在粉料中喂，按每只给 1 毫升，喂 3 天停 7 天；或每只喂 0.5 毫升，连续喂 10 天），以挽救危机。产蛋率高的健康鸭子，精力充沛，精神足，下水后潜水的时间长，水中上来以后，羽毛光滑不湿，像雨淋过的芋头叶子一样，水珠四溅，这种鸭子产蛋率不会下降。

3. 产蛋后期（401~500 日龄）

蛋鸭群经过长期持续产蛋之后，产蛋率将会不断下降。此期内饲养管理的主要目标，是尽量减缓鸭群产蛋率下降的幅度不要过大。如果饲养管理得当，此期内鸭群的平均产蛋率仍可保持 75%~80%，此期内应按鸭群的体重和产蛋率的变化调整日粮营养水平和给料量。如鸭群体重增加，有过肥趋势时，应将日粮中的能量水平适当下调，或适量增加青绿饲料，或控制采食量。如果鸭群产蛋率仍维持在 80% 左右，而体重有所下降，则应增加一些动物性蛋白质的含量。如果产蛋率已经下降到 60% 左右，已难于使其上升，则无需加料，应予及早淘汰。

（1）根据体重和产蛋率确定饲料的质量和喂量，不能盲目增加饲料（质量和数量）　应根据具体情况，区别对待：① 如果鸭群的产蛋率仍在 80% 以上，而鸭子的体重却略有减轻的趋势，此时在饲料中适当增喂动物性饲料；②如果鸭子体重增加，身体有发胖的趋势，但产蛋率还有 80% 左右，这是可将饲料中的代谢能降下来，或者适当增喂粗饲料和青饲料，或者控制采食量。如将喂量按自由采食量减少 5%，不能使精料吃得太多，但动物性蛋白质饲料还应保持原量或略有增加；③如果体重正常，产蛋率也较高，饲料中的蛋白质水平应比上阶段略有增加；④如果产蛋已降到 60% 左右，此时已难于上升，无需加料。

（2）每天保持 16 小时的光照时间，不能减少　如产蛋率已经降至 60% 时，可以增加光照时数直至淘汰为止。

（3）管理上多放少关，促进运动　每天在舍内赶鸭 2~3 次（即每次放鸭出舍前，饲养员轻赶鸭子在舍内作转圈运动，每次 5~10 分钟）。

（4）操作规程要保持稳定，避免一切突然的刺激而引起应激反应　此时的产蛋率，极易垮下来，任何光电声雨等异物的突然刺激，都会造成严重后果。

（5）注意天气剧变时的影响　保持鸭舍内小气候的相对稳定。

（6）观察蛋壳质量和蛋重的变化　如出现蛋壳质量下降，蛋重减轻时，可增补鱼肝油和无机盐添加剂。

（二）不同季节的饲养管理要点

上述不同产蛋时期的饲养管理方法，是以蛋鸭本身的特点和需求为基础的，但在不能完全控制环境条件的情况下，产蛋鸭尚受到气温、相对湿度、光照等诸因素的制约，因此，应根据不同季节的特点，采取相应的饲养管理措施。

1. 春季

春季气候由冷转暖，日照时数逐日增加，各种气候条件对鸭产蛋极为有利，是鸭的产蛋旺季，管理上必须充分利用这一有利条件，尽量为产蛋鸭创造稳产高产的环境。这一时期的饲养管理要点如下。

①饲料供应要充足，日粮营养要丰富全面，以适应产蛋鸭的高产需要。舍内常备有足够的清洁饮水，饲喂时间与饲料品种要稳定。在这一季节，有些个体的产蛋率有时超过 100%，所以要保证营养。

② 适当增加舍外活动时间，让其多接触阳光，一方面可以增强体质，另一方面促进其产蛋。当然这要根据天气的好坏，决定放水时间，以免鸭子受凉感冒。

③ 初春时节偶有寒流侵袭，还要注意保温。在春夏相交之际，气候多变，会出现早热或连续阴雨，要注意鸭舍内的干燥和通风。而且，每逢阴雨天，应缩短放鸭时间。当气温回升以后，舍内垫料不要积的过厚，要定期清除并消毒。除此之外，平时应注意搞好清洁卫生工作。

④ 增加捡蛋次数，防止鸭蛋弄破或粪便污染蛋。

2. 梅雨季节

春末夏初，江南各地大都在 6 月进入梅雨季节，常常阴雨连绵，温度高，相对湿度大。此时的管理重点是防霉和通风。这一时期的饲养管理要点如下。

① 敞开鸭舍门窗（草舍可将前后的草帘卸下），充分通风换气，高温、高湿时尤其要防止氨气中毒。

② 勤换垫草，保持舍内干燥。同时，定期消毒鸭舍，舍内地面最好铺砻糠灰，既能吸潮气，又有一定的消毒作用。

③ 严防饲料霉变，每次进料的数量不能太多，并要防止雨淋，同时要保存在干燥的地方。霉变的饲料绝对不能用来饲喂。

④ 疏通排水沟，检修围栏、鸭滩和运动场。运动场既要平整，无积水，又要保持干燥。

⑤ 对鸭群做好防疫工作，并进行一次驱虫。

3. 盛夏季节

一般每年的 6—8 月是一年中最炎热的时期，且往往多雨潮湿，鸭的食欲减退，如果饲养管理不当，不但产蛋率下降，而且还易引起鸭的死亡。如能精心饲养，则仍能达到 80% 以上的产蛋率。这个时期的饲养管理要点如下。

（1）防暑降温　将鸭舍屋顶刷白，或种植丝瓜、南瓜或葡萄，让藤蔓爬上屋顶，遮阳降温，运动场上另搭凉棚遮阳。鸭舍门窗全部敞开，草舍前后的草帘全部卸下，有利于空气流通，有条件时可安装排风扇或吊扇，通风降温。同时，还应适当疏散鸭群，降低饲养密度。

早放鸭，迟关鸭，增加午休时间及下水次数。晚上鸭子可在舍外过夜，但需在运动场中央和四周点灯照明，防止兽害。另外，每天早晚可用百毒杀或过氧乙酸带鸭喷雾消毒，既可以起到降温作用，又可以防止传染病的发生。

（2）调整饲料配方　适当降低能量水平，相应增加蛋白质、钙、磷、复合维生素的含量，在饲料中添加一些抗应激作用的药物，如速补–14、碳酸氢钠、维生素 C 等。

（3）实行顿饲　应集中于早晚凉爽的时间饲喂，以增进食欲，中午多喂些凉爽饲料，如块根、块茎或瓜类等，适当喂些洋葱，刺激食欲，以增加采食量。

（4）注意饲料的新鲜度　特别是用湿拌料喂鸭，应现拌现喂，严禁喂隔夜料。

（5）防止雷阵雨袭击　雷雨前要赶鸭入舍，否则鸭被雨淋后最易得病。

4．秋季

每年 9—10 月，正是暖冷空气交替的时候，这个时期气候多变，昼夜温差大，如果养的是上年孵出的秋鸭，经过大半年的产蛋，肌体消耗大，稍有不慎，就要停产换羽。这一时期的管理要点如下。

① 日常操作和饲养环境尽快保持稳定，尤其是针对秋季气候多变这一特点，及时做好预防台风暴雨和气温骤变等工作，尽可能减少舍内小气候的变化幅度。

② 补充人工光照，使每昼夜光照时间不少于 15 小时。

③ 为延长产蛋期，增加产蛋量，可适当提高日粮营养水平，特别是蛋白质水平。

④ 秋季还应对鸭群进行一次驱虫。

5．冬季

11 月底至翌年 2 月上旬是一年中最为寒冷的季节，也是日照系数最少的时期，母鸭产蛋的条件最差，产蛋率往往很低。但如果是当年春孵的新母鸭，只要饲养管理得法，也可以保持 80% 以上的产蛋率。这个时期的管理要点有：

（1）防寒保暖　深夜棚内温度应保持在 5℃ 以上。因此，棚舍要围严、围实，棚外四周可先用稻草或麦秸编成草垫围实，外面再围上一层尼龙薄膜，棚顶的盖草也应适当加厚，同时适当增加放养密度，每平方米可增至9只，保持棚内干燥。

（2）增厚垫草 鸭舍的内墙四周产蛋处内垫30多厘米厚的草。早晨收蛋后，将窝内的旧草撒铺在鸭舍内，每天晚上鸭群入舍前，要添些新草做产蛋窝，这样垫草逐渐积累，数日出一次，既保温又可以节省人力。

（3）调配饲料 冬季蛋鸭要适当增加玉米等能量饲料的比例，还要供给青绿饲料或定时补充维生素A、维生素D、维生素E。也可在饲料中添加3%~5%的油脂，每天中午供给一次切碎的白菜叶、胡萝卜缨等，效果很好。冬季室温为5~10℃时，饲喂量应比春、秋季增加10%~15%。

（4）增喂夜食 一般夜间补饲比不补饲的蛋鸭可以提高产蛋量10%左右。夜间补饲是应注意，一是供足饮水，二是夜间所补饲料的蛋白质不可过多。

（5）供给温水 气温低时，蛋鸭若饮用冰水或很冷的水，易引起应激而使产蛋量下降，因而供给蛋鸭的水以清洁温水为好。如喂井水要随打随用。

（6）补充光照 冬季由于自然光照缩短，鸭的脑下垂体和内分泌腺的活动减少，影响产蛋，因此必须人工补充光照。一般要求每天的连续光照时间不少于16小时，可在鸭棚内每30米^{2}面积安一盏60瓦灯泡，灯泡离鸭背2米高，并装上灯罩，使光线能集中照射在鸭体上，早晚要定时开灯。试验证明，补光比不补光可提高产蛋率20%~25%。

（7）正常戏水 在冬季，舍饲蛋鸭每天戏水1~2次。若室内外温差太大时，放鸭前应逐渐打开所有窗户，不可一次全开。且要赶鸭在舍内慢慢转圈运动4~5圈以后，鸭群80%左右发出强烈的喊叫声时让鸭入池戏水。气候恶劣，气温低于-5℃时，鸭群未发出强烈喊叫，可以不戏水。

（8）减少应激 蛋鸭代谢旺盛，对污染空气特别敏感，饲养员进入鸭舍时应该无刺激的感觉。平时注意通风换气，每当戏水时，鸭群一出舍应打开所有窗换气。还要搞好舍内外清洁卫生，防止老鼠、黄鼠狼和犬等害兽的侵袭。

（9）防治疾病　每年定期两次，分别于1月和7月的中旬对60日龄以上的中鸭及休产期蛋鸭注射鸭瘟疫苗，免疫期6个月，能产生较强的免疫力。

（三）日常操作规程

为了提高蛋鸭的产蛋量和保持鸭群的健康，饲养管理工作必须规律化，根据产蛋鸭的生理特点，按照既定的操作规程严格管理。

（1）5：00—8：00　视季节而变化，冬季迟，夏季早　先放鸭出舍，在水面撒布水草及青绿饲料，让鸭群在水中洗澡、交配、食草，然后进行鸭舍检查，观察并记载鸭蛋数量、重量及质量情况，同时观察鸭的粪便状态，分析鸭对饲料的消化情况及健康情况；最后将料槽、水盆洗净，放置于运动场上，准备好饲料，进行第一次喂食。

（2）8：30—11：00　先在水面上撒水草、青绿饲料；然后打扫圈舍，铺上干净的垫草或砻糠，再根据当地具体情况，喂一次新鲜的动物性饲料，如螺蛳等；接着准备好第二次饲料，将料槽、水盆清洗后移入舍内，加好饲料和饮水；最后将产在运动场上的蛋收集起来。

（3）11：00—13：00　将鸭群赶入舍内，吃食后休息。

（4）13：30—17：30　先放鸭出舍，在水面撒水草，让鸭群在水中吃草、交配、洗浴；然后将舍内饲槽、水盆拿出，清洗后置于运动场上，准备好饲料，于15：00—16：00喂第三次饲料；再进入鸭舍铺垫一次干草或砻糠；接着将饲槽、食盆等移进鸭舍内，加好饲料和饮水，17：30—18：00赶鸭入舍（时间随季节变化而定，炎夏可让鸭群露宿）；最后开室内电灯。

（5）21：00以后　先入舍检查一次，并加水、加料；然后在22：00时将亮灯关灭，只留弱光通宵照明。

四、蛋鸭的强制换羽

鸭在每年的春末或秋末会自然换羽，如果营养不良，管理不善或气候剧变，也能促使其提前换羽。鸭自然换羽时，若任其自然脱落后再行恢复，不但产蛋不整齐，且在管理上增加不便。所以养鸭户多在

6月初，即当母鸭群产蛋率降低到20%~30%、蛋重较轻、部分鸭的主翼羽开始脱落时，既可施行强制换羽。

强制换羽是人为地突然改变母鸭的生活条件和习惯，使鸭毛根老化，在易于脱落时，强行将翅膀的主翼羽、副翼羽拔掉，至于尾羽可拔去也可不拔。

1. 强制换羽的好处

（1）可缩短换羽时间　鸭完成一个产蛋年后，一般在每年的夏秋季换羽，换羽时因鸭体内营养用于换羽，便停止产蛋，高产鸭边换羽边产蛋。自然换羽需3~4个月，而且换羽时间参差不齐，换羽期内产蛋少，种蛋品质下降。强制换羽是采用某种应激措施使鸭群在同一时期内停产，在1个月左右较短的时间内，使羽毛焕然一新，全群恢复产蛋，产蛋整齐，饲养管理方便。

（2）节省饲料，延长蛋鸭利用年限　由于停食和限制饲喂，与自然换羽后再养1年相比，可节省饲料5%~6%，同时节省培育新鸭的费用，节约了开支，尤其对高产蛋鸭可再利用1年。

（3）提高蛋重、改善蛋壳质量　强制换羽后因蛋壳质量提高，减少了蛋的破损，同时蛋重也略有增加。

（4）强制换羽、令其停产　在种蛋或雏鸭的销路发生困难时，种蛋生产过剩的季节，对于产蛋率仍不低的种鸭群也可以采取强制换羽的办法令其停产，以适应市场供求的变化。

2. 强制换羽的方法

在生产中，养鸭户采用关蛋、拔羽和恢复3个步骤进行强制换羽，效果很好。

（1）关蛋　把产蛋率下降到30%的母鸭群关入鸭舍内，3~4天内只供给饮水，不放牧，不喂料，或者在前7天逐步减少饲料喂量，即第一天饲料开始降低，喂料两次，给料80%，逐渐降至第七天给料30%，至第八天停料只供给饮水，关养在舍内。这两种方法都可以使用，以后一种较安全。在限饲期间，应将灯关掉，减少光照对内分泌腺的刺激。鸭群由于生活条件和生活规律急剧改变，营养缺乏，体质下降，体脂迅速消耗，体重急剧下降，产蛋完全停止。此时，母鸭前胸和背部的羽毛相继脱落，主翼羽、副翼羽和主尾羽的羽根透明干涸而中空，羽轴与毛囊脱离，拔之易脱而无出血，这时可进行人工拔羽。

（2）拔羽　拔羽最好在晴天早上进行。具体操作是用左手抓住鸭的双翼，右手由内向外侧沿着该羽毛的尖端方向，用猛力瞬间拔出来。先拔主翼羽，后拔副翼羽，最后拔主尾羽。公母鸭要同时拔羽，在恢复产蛋前，公母鸭要分开饲养。拔羽的当天不下水，不放牧，防止毛孔感染，但可以让其在运动场上活动，并供给饮水，给料30%。

（3）恢复　鸭群经过关蛋、拔羽，鸭的体质变弱，体重减轻，消化机能降低，必须加强饲养管理，但在恢复饲料供给时不能操之过急，喂料量由少至多，质量由粗到精，经过7~8天才逐步恢复到正常饲养水平，即有给料30%逐步恢复到全量喂给，以免因暴食招致消化不良。拔羽后第二天开始放牧、给水，加强活动。拔羽后25~30天新羽毛可以长齐，再经2周后便恢复产蛋，所以在拔羽后20天左右开始加喂动物性饲料。

技能训练

初生蛋雏鸭的分级。

【目的要求】掌握初生蛋雏鸭分级的基本方法与技能。

【训练条件】初生蛋雏鸭若干只，蛋雏盒等。

【操作方法】由教员带领学员在孵化室内进行。首先提出要求，然后经消毒进入孵化室的雏鸭存放室，由教员或现场技术人员示范。将一箱雏鸭摆放在适当位置，其次对群体状况观察后做出评价，然后逐只查看挑选，拣出弱雏与健康雏进行比较说明。

健雏出壳时间正常，绒毛整洁有光泽；体格健壮，体态匀称，大小适中；脐部愈合良好，干燥，其上覆盖绒毛；腹部大小适中，柔软；精神活泼，站立稳健，叫声洪亮，反应较快；手感饱满，挣扎有力。弱雏出壳时间过早或过迟，绒毛污秽无光泽，常有绒毛缺失；体态不匀称，体重过大或过小；脐部裸露，愈合不良，触感有硬块，常有黏液或血块或卵黄囊外露；腹部特别膨大，手压有水样感；精神低迷、痴呆，闭目，站立不稳，叫声小，反应迟钝；手感瘦弱、松软，挣扎无力。残雏、畸形雏的蛋黄外露，脐部愈合不整，甚至出血，眼瞎脖子歪，跛行或瘫痪。

待一箱分级结束，指导学员每人完成一箱雏鸭的分级操作，将选出的弱雏按不同类别计数存放，健康雏也计数存放。

【考核标准】

1. 操作方法正确，手法熟练。

2. 对雏鸭分级正确无误。

3. 在规定时间内完成操作。

4. 口述回答问题正确。

思考与练习

1. 雏鸭何时开水、开食比较合适，为什么？

2. 雏鸭管理要点有哪些？

3. 冬春寒冷季节育雏，温度和空气质量哪个更重要？

4. 如何对育成鸭进行限饲？

5. 产蛋前期、中期、后期是如何划分的？

6. 产蛋前期、中期、后期各阶段管理的要点是什么？

7. 产蛋鸭四季管理的要点是什么？

8. 为什么要对产蛋鸭进行人工换羽？如何进行？

第四章 蛋鸭场环境控制与疫病综合防控

知识目标

1.了解蛋鸭场环境控制的基本要求，熟悉蛋鸭对温度、湿度、光照等的要求。

2.掌握鸭场隔离卫生管理方法。

3.掌握鸭场各类消毒的方法。

4.掌握疫苗接种的基本知识和相关注意事项，熟悉蛋鸭的基本免疫程序。

技能要求

掌握常用消毒药物的配制方法。

第一节 蛋鸭场的环境控制

蛋鸭场的产地环境是影响鸭蛋产品质量的基础因素，是实现蛋鸭无公害生产的必备条件。产地环境主要包括：空气、水源、土质、建筑材料、生产用具等。实现无公害生产所要控制的因素主要包括：有毒有害气体、有毒有害物质、病原微生物、温度、湿度、光照等。本章就实现无公害生产的蛋鸭场环境如何进行控制进行阐述。

一、鸭场外部环境的基本要求

要使鸭蛋达到无公害生产的标准，选址必须正确。详细考察周边环境，所处位置应该达到以下条件：鸭场周围 3 千米范围内，没有产生污染的大型化工厂、矿场、畜牧场、屠宰场等污染源。鸭场距干线公路 1 千米以上。距离村镇居民点至少 1 千米以上，利用地表水，上游不得有任何污染源。选择通风透气良好、排水方便、最好为自净能力强的沙壤土。水源充足，电力方便。

二、鸭场内部环境的基本要求

要使鸭蛋达到无公害生产的标准，内部布局必须合理，主要目的是防止疫病的传播和交叉感染，减少应激致病因素。

① 饲料生产区（库房）、办公（生活）区、养殖区、粪便堆积处理区分开，中间设隔离墙或设有绿化带，粪便污物堆集处理区距离养殖区应不少于 150 米。

② 污道和净道分开，也就是运送饲料的道和清理粪便的道分开，不能交叉。

③ 养殖区内，种鸭舍、孵化室、育雏舍、育成舍、商品成鸭舍之间应分开，并保持适当距离，彼此之间应不少于 15 米。

④ 鸭舍的布局一般顺序应该为：在蛋鸭养殖区，消毒间更衣室 - 成鸭舍 - 育成鸭舍 - 育雏鸭舍，育雏鸭舍在主风向的上风口。

⑤ 鸭舍、运动场、水场组成一个完整的鸭的生活单元（或称养殖单元），它们面积的大致比例是 1：3：2，运动场有 15°~30° 的倾斜度。

三、蛋鸭对温度、湿度、光照的要求

雏鸭体温调节机能不完善，御寒能力差，在一定的日龄对温度有一定的要求，要随着日龄的增长，逐步降低温度。育雏期间要注意温度保持相对恒定，雏鸭有规律地吃食、饮水、排便、休息，说明温度正常。育雏期间各阶段较为适宜的温度为：第 1 周龄 30~32℃，第 2 周龄、3 周龄、4 周龄分别比前周龄低 2~3℃。相对湿度保持在 55%~65%，第 1 周龄保持光照 23~24 小时，以后每周减少 2 小时，直至减到每天光照保持 14 小时为止。蛋鸭为水禽，喜欢游泳，但圈舍不能潮湿，垫草必须干燥。雏鸭出壳 3 天后，可陆续下水游泳，但时间不能过长。

四、场区环境控制

空气环境质量的好坏，直接影响到蛋鸭的生产过程，对蛋鸭的健康产生重要影响。为了使蛋鸭生产达到无公害生产的要求，蛋鸭生存空间空气的质量必须达到一定的标准。空气质量主要受空气污染物含量的影响，空气污染物是指由于人类或动物活动以及自然现象产生，排入大气的对人类或环境产生有害影响的物质，按其特征可分为气溶胶状态污染物和气体状态污染物。气溶胶状态污染物主要有烟尘和飞灰，以及附在其上的病原微生物，按其颗粒大小分为飘尘（可吸入颗粒物）、降尘、总悬浮颗粒物。飘尘指大气中颗粒物径小于 10 微米的固体颗粒，它的粒度小、质量轻，能长期飘浮在空气中，又成为浮游粒子或可吸入颗粒物。降尘指空气中粒径大于 10 微米的固体颗粒，它在重力的作用下，能在较短的时间内沉降到地表面上。总悬浮微粒指空气中微粒小于 10 微米的所有固体颗粒。气体状态污染物主要有氨气、硫化氢、二氧化碳等。

蛋鸭场的空气环境分 3 个区域：缓冲区（指场区周边向外延伸 500 米范围内的区域）、场区（指运动场和水场区域）和舍区（内）。根据农业部行业标准要求，空气污染物主要包括氨气、硫化氢、二氧化碳、恶臭等气体状态污染物，以及可吸入颗粒物（标准状态）、总悬浮颗粒物（标准状态）等气溶胶状态污染物等 6 项指标，要求标准如表 4-1 所示。

表 4-1　蛋鸭生产环境要求 （毫克/米³）

序号	项目	缓冲区	场区	舍内	
				雏禽	成年禽
1	氨气	2	5	10	15
2	硫化氢	1	2	2	10
3	二氧化碳	380	750		1 500
4	可吸入颗粒物	0.5	1		1
5	总悬浮颗粒物	1	2		8
6	恶臭、稀释倍数	40	50		70

注：表中数据皆为日均值

五、舍内环境控制

鸭舍的空气环境主要控制空气污染物的含量，一方面是外部环境对鸭舍的影响，另一方面是养鸭过程自身产生的污染。在控制和消除污染的同时，必须保证蛋鸭适宜的温度、湿度和光照为前提。

1. 控制和消除鸭舍的有害气体

基本思路是杜绝或减少有害气体的产生，有害气体一旦产生则设法降低有害气体的浓度。具体方法如下。

① 及时清理粪便，减少粪便中的硫化氢、氨气向鸭舍空气中溢出。

② 加强通风换气，把鸭舍内过高的氨气、硫化氢、二氧化碳气体排出舍外。

③ 在鸭的饲料中加入益生素类活菌制剂，减少粪便中的氨气及硫化氢等有害气体。

2. 控制和消除空气中的气溶胶状态污染物及病原微生物

基本思路是减少颗粒物的产生，颗粒物一旦产生则尽量消除。具体方法如下。

① 加工饲料、取暖、清理卫生等各项活动尽量减少灰尘、烟尘的颗粒物的产生。因为在空气中的病原微生物一般附着在空气颗粒物的表面，容易传播，有些颗粒物还能引起部分蛋鸭过敏。

② 进行鸭舍除尘。除尘的基本方法包括：机械除尘、湿式除尘、

过滤式除尘、静电除尘等。

③ 在鸭场周围及其运动场绿化造林。树木不仅吸附尘土，而且能够降低鸭场整个区域的有害气体浓度，增加氧气量。

舍区生态环境质量见表4-2。

表4-2　舍区生态环境质量

序号	项目	雏禽	成年禽
1	温度（℃）	21~27	10~24
2	湿度（相对）（%）	—	75
3	风速（米/秒）	0.5	0.8
4	照度（勒克斯）	50	50
5	细菌（个/升）	25	25
6	噪声（分贝）	60	80
7	粪便含水率（%）	65~75	
8	粪便清理	干法	

第二节　加强隔离卫生

为保证标准化规模蛋鸭场良好的隔离卫生，需要科学地设置鸭场生产舍、配套隔离卫生设施和加强隔离卫生管理。

一、科学选择场址并合理规划布局

1. 科学选择场址

场址不仅直接影响到养殖场和畜禽舍的小气候环境、养殖场畜禽舍的清洁卫生、畜禽群的健康和生产，也影响养殖场和畜禽的消毒管理及养殖场与周边环境的污染和安全。

2. 合理规划布局

鸭场的规划布局是根据拟建场地的环境条件，科学确定各区的位置，合理地确定各类房舍、道路、供排水和供电等管线、绿化带等的相对位置及场内防疫卫生的安排。不管建筑物的种类和数量多少，都必须科学合理地规划布局。规划布局科学合理，不仅有利于隔离卫生，减少或避免疫病的发生，而且有利于有效利用土地面积，减少建场投资，保持良好的环境条件，经济有效地发挥各类建筑物的作用。蛋鸭场的规划布局要求详见本书第三章第一节。

3. 配套隔离卫生设施

鸭场没有良好的隔离设施就难以保证有效的隔离，从而导致疫病发生的可能，设置隔离设施会加大投入，但减少疾病产生带来的收益将是长期的，要远远超过投入。隔离设施主要如下。

① 隔离墙（或防疫沟）。鸭场周围（尤其是生产区周围）要设置隔离墙，墙体严实，高度 2.5~3 米或沿场界周围挖深 1.7 米、宽 2 米的防疫沟，沟底和两壁用水泥加固并放上水，沟内侧设置的铁丝网，避免闲杂人员和其他动物随便进入鸭场。

② 鸭场大门设置消毒池和消毒室（或淋浴消毒室）。

③ 有条件的鸭场要自建水井或水塔，用管道接送到鸭舍。

④ 设置封闭性垫料库和饲料塔。

⑤ 设立卫生间。为减少人员之间的交叉活动、保证环境的卫生和为饲养员创造比较好的生活条件，在每个小区或者每栋鸭舍都设卫生间。每栋舍的工作间的一角建一个 1.5 米 × 2 米的冲水卫生间，用隔断墙隔开。

二、加强隔离卫生管理

（1）制定严格的卫生防疫制度　制定全年工作日程安排、饲养和防疫操作规程，建立鸭舍日记等各项工作记录和疫情报告制度。鸭场的卫生防疫制度，要明文张贴，由专人负责监督执行。

（2）实行生产专业化　鸭与其他家禽之间不能混养，各个年龄段的鸭分开独立建场，保持一定距离。如可分为育雏场、育成场、蛋鸭场、种鸭场、孵化场；肉鸭场可分为育雏场、育肥场。

（3）采用全进全出的饲养制度

（4）加强引种管理　鸭场引种要选择洁净的种鸭场，到有种鸭种蛋经营许可证、管理严格、净化彻底、信誉度高的种鸭场订购雏鸭，避免引种带来污染。

（5）鸭场谢绝参观

（6）进入鸭场和鸭舍的人员和用具要消毒

（7）病鸭和死鸭经疾病诊断后应深埋并做好消毒工作　严禁销售和随处乱丢。

（8）种鸭场要对种鸭群进行严格的疾病（如鸭副伤寒等）净化

（9）孵化场的卫生防疫必须予以足够的重视

① 种蛋必须来自非疫区，或来自健康的种鸭群，发生烈性传染病期间的种蛋，不能作为种蛋孵化。种蛋在贮蛋库上机待孵时，落盘时都要进行烟熏法消毒。② 孵化设备及用具的卫生消毒。③ 在种蛋孵化中产生的代谢废气、消毒液残留气体等，含有二氧化碳、绒毛、微生物、灰尘等，应及时将这些废气合理排放到室外，这对保持正常孵化率和工作人员、雏鸭的健康都极为重要。孵化厅的蛋壳、变质死蛋、死雏、绒毛及其他废弃物，必须认真处置、不要污染环境。孵化厅内要经常用吸尘器吸除各室地面、墙壁、天花板、孵化机和出雏机等表面的绒毛、灰尘和垃圾，并定期进行冲洗和消毒药液喷洒消毒。随时清理洗涤室内的杂物垃圾，经常保持水槽的卫生，并更换消毒药液，随时清除下水道内积聚的蛋壳、绒毛等垃圾，用清水冲洗，定期进行消毒。④ 避免雏鸭早期感染。早期感染途径有两条：一是垂直感染，即由于种鸭的长期带菌（毒），以使其产的种蛋也带菌（如鸭副伤寒等）；二是水平感染，即带菌种蛋与非带菌种蛋同时孵化、同时出雏，使原来不带菌的种蛋或雏鸭也被感染疾病，此外，孵化环境和孵化用具的带菌，也会造成这一感染。严格做好孵化厅的各项卫生消毒工作，注意对雏鸭消毒。

（10）保持鸭舍和鸭舍周围环境卫生

（11）保持饲料和饮水卫生　饲料不霉变，不被病原污染，饲喂用具勤清洁消毒；饮用水符合卫生标准，水质良好，饮水用具要清洁，饮水系统要定期消毒。

（12）废弃物（如粪便、病死鸭等）要无害化处理　不要随意出售或乱扔乱放废弃物，防止传播疾病。

（13）防害虫和灭鼠

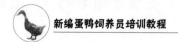

第三节　严格的消毒

一、消毒的方法

鸭场常用消毒方法包括：物理消毒法、化学消毒法和生物学消毒法。

1. 物理消毒法

物理消毒法是指用物理因素杀灭或消除病原微生物及其他有害微生物的方法。其特点是作用迅速，消毒物品上不遗留有害物质。常用的物理消毒方法有热力灭菌、自然净化、机械除菌和紫外线消毒等。

（1）热力灭菌　最实用和有效的消毒方法，可分为干热法和湿热法两种。干热法包括干燥、灼烧、焚烧；湿热法包括煮沸、疏通蒸汽、低热消毒（巴氏消毒）、压力蒸汽灭菌等。

（2）自然净化　指污染大气、地面、物体表面和水体的病原微生物，不经人工消毒亦可以逐步达到无害化的过程。

（3）机械除菌　单纯用机械的办法除去病原体。如鸭舍的清扫和洗刷、饲槽的洗涤等，可以将鸭舍的粪便、铺草、垃圾、剩料及渣清除出去，随着这些粪便污物的除去，也清除了大量的病原微生物，但此法只能使病原微生物减少，不能达到彻底消毒的目的，所以配合其他消毒法进行。

（4）紫外线消毒　利用太阳中的紫外线或安装波长为280~240纳米的紫外线灯杀灭大多数病原微生物。但由于紫外线穿透力不强，不能穿透普通玻璃，尘埃、水蒸气均能阻挡紫外线，只用于空气物体表面的消毒。

2. 化学消毒法

化学消毒法是指利用化学药物杀灭病原微生物，以达到预防感染和传染病的传播和流行的方法。化学消毒法（如浸泡法、喷洒法、熏蒸法和气雾法）使用方便，不需要复杂的设备，但某些消毒药有一定毒性和腐蚀性。为保证消毒效果，减少毒副作用，须按要求的条件和说明书上推荐的方法和浓度进行使用。此法在养鸭生产中是最常用的方法。

3.生物学消毒法

生物学消毒法是利用某些生物消灭致病微生物的方法。特点是作用缓慢，效果有限，但费用较低。多用于大规模废弃物和排泄物的卫生处理。常用的方法是生物热消毒技术和生物氧化消毒技术。

二、化学消毒剂

1.氢氧化钠（烧碱、苛性钠）

（1）剂型与规格　为含氢氧化钠94%左右的粗制品。

（2）作用与应用　本药是强消毒剂，对细菌、病毒有强大灭菌力，对细菌芽孢、寄生虫卵（如鸭瘟、鸭霍乱、球虫病等病原）也有一定杀灭作用。常用于预防病毒性或细菌性传染病的环境消毒或污染鸭场的清理消毒。常用2%~4%的热溶液来消毒鸭舍、饲料槽、非金属器具、运输工具及车辆等，鸭舍的出入口处消毒池和周围环境可用其2%~3%的溶液消毒。

（3）注意事项　该药有很强的腐蚀性，使用时要十分小心，消毒后第2天，必须用水冲洗。金属器具禁用本药，使用时应注意安全保护皮肤和衣物。

2.草木灰（氢氧化钾）

（1）剂型与规格　通常可用5千克新鲜草木灰加水10升，煮沸1小时后去灰渣，再加水10升，可配制约含1%氢氧化钾的草木灰水。

（2）作用与应用　可代替氢氧化钠用于消毒鸭舍、饲槽、用具及地面和出入口消毒池等。

（3）注意事项　干燥的草木灰制成的溶液具有消毒作用，加温至50~70℃时作用更强。

3.生石灰（氧化钙）

（1）剂型与规格　为灰白色块，加水后成粉状。

（2）作用与应用　本品是价廉易得的良好消毒药，对大多数繁殖型细菌有较强的杀菌作用。一般加水配成10%~20%的石灰乳液，涂刷鸭舍的墙壁，寒冷地区常撒在地面、粪池及污水沟，或鸭舍出入口做消毒用。配法是生石灰和水各1千克混合，使成熟石灰（氢氧化钙），再加水8千克即成10%的乳剂。

（3）注意事项　生石灰必须在有水分的情况下，才能发挥消毒作用。可加入其本重量70%~100%的水，一定要成为疏松的熟石灰粉末才能杀菌。但热石灰可以从空气中吸收 CO_2 变成碳酸钙沉淀而失效，所以石灰乳宜现配现用。本品有一定腐蚀性，消毒待干后才能使用。

4.煤酚皂溶液〔来苏儿〕

（1）剂型与规格　为含煤酚50%的溶液。

（2）作用与应用　对繁殖型细菌的杀灭能力强，而对芽孢、病毒的杀灭作用较差。1%~2%的溶液用于手、体表和器械的消毒，5%~10%溶液用于鸭舍或污物及病鸭排泄物的消毒。

（3）注意事项　由于该药有特殊臭味，不宜用于种蛋、蛋库及鸭肉品的消毒。

5.复合酚〔菌毒敌、农乐〕

（1）剂型与规格　含酚41%~49%、醋酸22%~26%。

（2）作用与应用　为广谱、高效复合型新型消毒剂，对多种细菌、霉菌和病毒和多种寄生虫卵都有杀灭作用，还可抑制蚊、蝇等昆虫和鼠害。主要用于鸭舍、用具、饲养场地、运动场、运输车辆或病鸭排泄物及污物的消毒。对严重污染的环境，可适当增加浓度和喷洒的次数。常用浓度为1%溶液，该药消毒作用持续时间长，用药一次，药效可维持7天。

（3）注意事项　环境温度低于8℃时，应用温水稀释；禁与其他消毒药或碱性药物混用，以免降效。目前市场销售的复合酚商品药较多，有菌毒敌、菌毒灭、毒菌净、农乐、畜禽灵、农福和农富等。如农福，含煤焦油酸39%~43%，醋酸18.5%~20.5%，十二烷基苯硝酸23.5%~25.5%。鸭舍消毒用1:（60~100）水溶液，器具、车辆消毒用1:60水溶液浸泡，其他药物的使用方法详见说明书。

6.福尔马林

（1）剂型与规格　含甲醛37%~40%。

（2）作用与应用　具有广谱杀菌作用，对细菌、真菌、病毒和芽孢等均有效。1%~3%浓度的福尔马林溶液可用来消毒鸭舍、用具和器械的喷雾和浸泡消毒。甲醛气体可消毒室内、空间和器具。熏蒸消毒前，为提高消毒质量，应先将鸭舍清洗干净，保持一定温度，温度不能低于15℃，相对湿度在60%~90%，如湿度不够可在地面洒水及向墙壁喷水，同时关好门窗，计算好鸭舍空间大小，每立方米用14毫升福尔马林，加等量水或加热熏蒸或加入7克高锰酸钾。先将高锰酸钾倒入大的搪瓷容器内（不宜使用铁器，因其易被腐蚀，也不能用玻璃容器，易炸裂），再加入所需的福尔马林溶液，迅速从室内退出，关好门窗，30分钟后再打开门窗。

（3）注意事项 本品对皮肤、黏膜及呼吸道有刺激作用，消毒后要打开门窗，加强通风换气，另发生沉淀时不能用。福尔马林和高锰酸钾合用时要特别注意，千万不要把高锰酸钾倒入福尔马林溶液中去。

7. 新洁尔灭（溴苄烷胺）溶液

（1）剂型与规格 本品市售品有1%、5%、10%，3种溶液。临用时用水稀释。

（2）作用与应用 为常用的阳离子表面活性剂，兼有杀菌和清洁去污两种作用。抗菌范围较广，杀菌力强而快，对多数革兰氏阳性菌、阴性菌均有杀灭作用，但对病毒效果较差，也不能杀死结核杆菌和霉菌，还有脱脂、去污等作用，有助于皮肤和器械的消毒。① 常用0.1%溶液消毒手（浸泡5分钟）、蛋壳、皮肤、手术器械和玻璃、搪瓷等器具（浸泡30分钟上）。② 0.01%~0.05%溶液用于创伤黏膜（泄殖腔和输卵管脱出）和感染伤口的冲洗消毒。③ 0.15%~0.2% 水溶液用于鸭舍喷雾消毒。

（3）注意事项 不宜与阳离子表面活性剂如肥皂、洗衣粉及过氧化物、碘、碘化钾等配合使用。浸泡消毒时，药液一旦混浊需进行更换。

8. 过氧乙酸（冰醋酸）

（1）剂型与规格 为20%的溶液，有效期半年。

（2）作用与应用 属强氧化剂，是高效、速效消毒剂。能杀灭细菌、真菌和病毒，有时还能杀死芽孢。① 常用0.04%~0.2%溶液用于饲养用具和饲养人员的手臂浸泡消毒。② 以 0.5% 的溶液用于鸭舍、食槽、墙壁通道和运输工具的喷洒消毒。③ 鸭舍内可带鸭消毒，常用浓度为 0.1%，每立方米 15 毫升。④ 也可配成 3%~5% 的溶液，10~15 毫升 / 米^3 进行熏蒸消毒，熏蒸时相对湿度以 60%~80% 为宜。⑤ 也可在饮水中按 1 升水加 20% 过氧乙酸 1 毫升，让鸭饮水，但最好在半小时内用完。

（3）注意事项 本品对组织有刺激性和腐蚀性，对金属和橡胶制品也有腐蚀性，应注意保护。

9. 漂白粉（含氯石灰）

（1）剂型与规格 为白色粉末，含有效氯 25%~30%。

（2）作用与应用 具有较强的消毒杀菌能力，能杀死细菌、病毒和芽孢，在酸性环境中杀菌作用强，碱性环境则作用减弱。① 按每立方米体积水中加入 5~10 克漂白粉，作饮水消毒，隔 30 分钟可供饮用。② 用 1%~3% 的现配溶液消毒非金属用具（如食具、饲槽、饮水器等）。③ 用 10%~20% 的现配溶液消毒鸭舍、粪池、车辆及排泄物。

（3）注意事项 本品应现配现用，对金属及衣物有轻度腐蚀性，对组织（皮肤）有一定刺激性，应注意防护。

10. 二氯异氰尿酸钠（优氯净）

（1）剂型与规格 含有效氯 60%~64%。

（2）作用与应用 为新型广谱高效消毒药，可杀灭多种细菌、病毒、真菌及芽孢，并有净水、除臭、去污等作用。常用于饮水和食品加工厂的器具、容器和食具、鸭舍、地面、运动场及排泄物消毒，带鸭消毒，孵化室、种蛋消毒及环境消毒、运输工具消毒等。0.5%~1% 溶液可用于杀灭细菌与病毒，5%~10% 溶液可杀灭细菌芽孢。消毒方法可采用喷洒、浸泡、擦拭等。其干粉可用于粪便消毒，用量为粪便量的 1/5；场地消毒为每平方米用 10~20 毫克，作用 1~4 小时，冬季气温在 0℃ 以下时，用 50 毫克，作用 16~24 小时以上；消毒饮水时，每升水用 4 毫克作用 30 分钟。

（3）注意事项 本品应现配现用，对金属及衣物有轻度腐蚀性，对组织（皮肤）有一定刺激性，应注意防护。

11. 三氯异氰尿酸

（1）剂型与规格　含有效氯 85% 以上，在水中溶解度约为 1.2%，是一种极强的氧化剂与氯化剂。

（2）作用与应用　为新型、广谱、高效、安全的消毒剂，对细菌、病毒、真菌和芽孢有强大的杀灭作用。可用于环境消毒、带鸭消毒、饮水消毒及饲养用具消毒等。饮水消毒，每升水用 4~6 毫克，其余用 0.02%~0.04% 溶液喷洒消毒。

（3）注意事项　避免与碱性或酸性液体混合，否则会分解失效。

12. 百毒杀

（1）剂型与规格　本品有 10% 和 50% 的溶液。

（2）作用与应用　为双链季铵盐高效表面活性剂，能迅速渗入胞浆膜，改变细胞膜通透性。因此，有速效、强效、长效的杀菌作用。低浓度对多种病毒、细菌、霉菌、真菌和寄生虫卵均有杀灭作用，并有除臭、清洁作用。可用于鸭群饮水消毒、带鸭消毒，还可用于传染病发生时的紧急消毒。

（3）注意事项　不可超量应用，避免中毒。

13. 高锰酸钾（灰锰氧、PP 粉）

（1）剂型与规格　为紫黑色结晶。

（2）作用与应用　本品的水溶液能使有机物迅速氧化而起杀菌作用，低浓度时还有收敛作用。在酸性溶液中杀菌作用增强，常利用其氧化性能以加速福尔马林蒸发而起到空气消毒作用。0.05%~0.1% 溶液（每升水加 0.5~1 克）用于鸭群饮水消毒，杀灭肠道病原微生物，预防传染病，也可作为创伤、黏膜的洗涤消毒。常以本品 2%~5% 的溶液浸泡或洗刷鸭污染的食槽、饮水器及消毒被污染的器具等。

（3）注意事项　应现配现用，久贮易失效，禁与酒精、甘油、碘、糖等混合。

14. 乙醇（酒精）

（1）剂型与规格　无水乙醇含量为 99% 以上，凡未指明浓度者，均指 95% 乙醇。

（2）作用与应用　以 70%~75% 浓度的溶液作皮肤、体温计、针头等的消毒，可杀死一般繁殖型的病原菌，对细菌芽孢无效。当浓度超过 75% 时，由于菌体表层蛋白迅速凝固，因而妨碍了向菌体渗透，杀菌效果反而降低。

（3）注意事项　本品易挥发，应密封保存。

15. 碘酊

（1）剂型与规格 1%、5%

（2）作用与应用　有强大的消毒作用，能杀死细菌、芽孢、霉菌和病毒。2% 碘酊（每 100 毫升含碘 2 克、碘化钾 1.5 克，先将碘化钾 1.5 克溶于少量水中，加碘 2 克，搅拌使碘溶解，加 75% 乙醇 100 毫升）用于一般皮肤消毒，也可用于创伤擦拭消毒，取 5~6 滴加入 1 升水中作用 15 分钟可用于饮水消毒；5% 的碘酊用于手术部位或注射部位消毒。

三、鸭场的消毒程序

1. 鸭场消毒范围

鸭场消毒范围包括：进出鸭场人员、车辆、饲养管理用具、垫草、鸭运动场、鸭场出入口、鸭舍、环境、饮水、种蛋及孵化器具、鸭粪及其他排泄物、病死鸭尸体等。

2. 鸭场出入口的消毒

鸭场出入口是鸭场的通道，也是防疫的第一道防线，要消灭或减少病原微生物确保鸭群健康，则消毒非常重要，绝不能流于形式。

（1）车辆消毒池　生产区出入口必须设置车辆消毒池，车辆消毒池的长度为进出车辆车轮 2 个周长以上。消毒池上方最好建有顶棚，防止日晒雨淋。消毒池内放入 2%~3% 的氢氧化钠溶液，每周更换 3 次。北方地区或南方冬春季节可选用新鲜生石灰。有条件的可在生产区出入口处设置喷雾装置，喷雾消毒液可采用 0.1% 癸甲溴氨溶液（百毒杀溶液）、0.1% 苯扎溴铵（新洁尔灭）或 0.5% 过氧乙酸。

（2）消毒室　场区门口和鸭舍门口要设置消毒室，人员和用具进入要消毒。消毒室内安装紫外线灯（每平方米 1~2 瓦）；有脚踏消毒池，内放 2%~5% 的氢氧化钠溶液。进入人员要换鞋、工作服等，如有条件，可以设置淋浴设备，洗澡后方可入内。脚踏消毒池中的消毒液每周至少更换 2 次。对于过往人员的消毒，消毒药液的配制和更换、紫外线的照射等都需要有专门的技术人员监督和操作，并要登记。

3.鸭场场区的环境消毒

（1）平时消毒　平时应做好场区环境的消毒工作，定期使用高压水洗净水泥路面和其他可冲洗的场所，每月对场区环境进行一次环境消毒。鸭场周围以及场内的污水池、排粪坑和下水道出口等，每月用漂白粉撒布消毒1~2次。定期清除杂草、垃圾，做好灭鼠和杀虫工作，保持良好的环境。

（2）进鸭前的消毒　进鸭前对鸭舍周围5米以内的地面用0.2%~0.3%过氧乙酸，或使用5%的火碱溶液或5%的甲醛溶液进行彻底喷洒；鸭场道路使用3%~5%的火碱溶液喷洒；鸭舍内使用3%火碱（笼养）或癸甲溴氨溶液（百毒杀）、稳定性二氧化氯（益康）喷洒消毒。

（3）进鸭后的消毒　鸭场周围环境保持清洁卫生，不乱堆放垃圾和污物，道路每天要清扫。鸭场、鸭舍周围和场内的道路每周要消毒1~2次，生产区的主要道路每天或隔日喷洒消毒，使用3%~5%火碱或0.2%~0.3%过氧乙酸喷洒，每平方米面积药液用量为300~400毫升；如果发生疫情，场区环境每天都要消毒。

4.鸭舍消毒

鸭舍是鸭生活和生产的场所，由于环境和鸭本身的影响，舍内容易存在和滋生微生物。为了获得确实的消毒效果，鸭舍全面消毒应按鸭舍排空、清扫、洗净、干燥、消毒、干燥、消毒的顺序进行。鸭群更新原则是"全进全出"，尤其是肉鸭，每批饲养结束后要有2~3个星期的空舍时间。具体的消毒工作程序如下。

（1）鸭舍门口消毒　每栋鸭舍的门前也要设置脚踏消毒槽（消毒槽内放置5%火碱溶液）或铺设浸透消毒液的麻袋，进出鸭舍最好换穿不同的专用橡胶长靴，在消毒槽中浸泡1分钟，并进行洗手消毒，穿上消毒过的工作衣和工作帽进入鸭舍。

（2）空舍消毒　将所有的鸭尽量在短期内全部清转，对不同日龄共存的鸭，可将某一日龄的鸭舍及附近的舍排空。空着的鸭舍应进行彻底的清洁消毒，为下一批鸭创造一个洁净卫生的环境，有利于减少疾病和维持鸭的健康。

（3）鸭舍消毒的步骤

① 清理、清扫新建鸭舍，清扫干净鸭舍；使用过的鸭舍，先用消毒液（3%的火碱溶液）轻轻喷雾整个鸭舍，防止鸭舍尘土飞扬。移出能够移出的设备和用具，如饲料器（或料槽、送料车）、饮水器（或水槽）、笼具、加温设备、育雏育成用的网具等，清理舍内杂物。然后将鸭舍各个部位、任何角落所有灰尘、垃圾及粪便清理、清扫干净。通过清扫，可使环境中的细菌含量减少21%左右。

② 冲洗。经过清扫后，用动力高压水枪或喷雾器将棚顶、墙壁、地面、辅助设备、风扇的风叶、遮板等洗净，冲洗按照从上至下、从里至外的顺序进行。对较脏的地方，可事先进行人工刮除，并注意对角落、缝隙、设施背面的冲洗，做到不留死角，不留污垢，真正达到清洁的目的。有些设备不能冲洗，可以使用抹布擦净上面的污垢。清扫、洗净后，禽舍环境中的细菌可减少50%~60%。

③ 消毒剂喷洒。鸭舍经彻底洗净、抢修维护后即可进行消毒。鸭舍冲洗干燥后，用5%~8%的火碱溶液喷洒地面、墙壁、屋顶、笼具、饲槽等2~3次，用清水洗刷饲槽和饮水器。其他不易用水冲洗和火碱消毒的设备可以用其他消毒液涂擦。为了提高消毒效果，一般要求鸭舍使用两三种不同类型的消毒剂进行2~3次消毒。通常第1次使用碱性消毒剂，第2次使用表面活性剂类、卤素类、酚类等消毒剂。

④ 移出的设备消毒。鸭舍内移出的设备用具放到指定地点，先清洗再消毒。能够放入消毒池内浸泡的，最好放在3%~5%的火碱溶液或3%~5%的福尔马林溶液中浸泡3~5小时；不能放入池内的，可以使用3%~5%的火碱溶液彻底全面喷洒。消毒2~3小时后，用清水清洗，放在阳光下暴晒备用。

⑤ 熏蒸消毒。能够密闭的鸭舍，特别是雏鸭舍，将移出的设备和需要的设备用具移入舍内，密闭熏蒸。熏蒸常用的药物是福尔马林溶液和高锰酸钾（每立方米空间用高锰酸钾15克＋福尔马林30毫升），熏蒸效果最佳的环境温度是24℃以上，相对湿度75%~80%，熏蒸时间为24~48小时，熏蒸后打开门窗通风换气1~2天，使其中

甲醛气体溢出。不立即使用的可以不打开门窗，待用前再打开门窗通风。也可喷洒 25% 的氨水溶液来中和残留的甲醛。经过甲醛熏蒸消毒后，舍内环境中的细菌减少 90%。

（4）饲具、用具的消毒

① 鸭场管理器材和用具可用 4% 来苏儿溶液或 0.1% 苯扎溴铵（新洁尔灭）溶液浸泡或喷洒消毒。

② 饲喂和饮水用具（水槽、食槽）每周消毒 2~3 次，炎热季节应增加消毒次数，喂雏鸭用的塑料布，反、正面各用一次后，用高锰酸钾水等消毒。

③ 医疗器械必须先清洗后，再煮沸消毒。

④ 拌饲料的用具每天用紫外线照射一次。

⑤ 人工授精需要集精杯、储精器和受精器及其他用具，使用前需要进行彻底清洁消毒，每次使用后也要清洁消毒干净以备后用。

5. 垫料的消毒

将碎草、稻壳或锯木屑等垫料经过挑选、翻晒和无害化处理后，在进雏前 3 天用消毒液进行掺拌消毒。这不仅可以杀灭病原微生物，而且还能补充育雏器内的湿度，以维持育雏需要的湿度。垫料消毒的方法是在薄膜上铺放垫料，掺拌消毒液，然后将其摊开（厚约 3 厘米）。采用这种方法，不仅可维持湿度，而且是一种物理性的防治球虫病措施。同时也便于育雏结束后，将垫料和粪便无遗漏地清除至舍外。进雏后，每天对垫料还需喷雾消毒 1 次。湿度小时，可以使用消毒液喷雾。如果只用水喷雾增加湿度，起不到消毒的效果，反而有危害。

6. 人员消毒

① 饲养人员在接鸭前，均需洗澡、换洗随身穿着的衣服、鞋袜等，并换上用过氧乙酸消毒过的工作服和工作鞋、工作帽等。

② 饲养员每次进舍前需换工作服、鞋，脚踏消毒池，并用紫外线照射消毒 10~20 分钟，手接触饲料和饮水前需要用过氧乙酸或次氯酸钠、碘制剂等溶液浸洗消毒。

③ 本场工作人员出去回来后应彻底的消毒，如果去发生过传染病的地方，回场后进行彻底消毒，并经短期隔离确认安全后方能进

场。

④ 饲养人员要固定，不得乱串。

⑤ 发生烈性传染病的鸭舍饲养人员必须严格隔离、按规定的制度解除封锁。

⑥ 其他管理人员进入鸭场和鸭舍也要严格消毒。

7. 饮水消毒

鸭饮用水最好事先进行检查，一般每 100 毫升样品中含有大肠杆菌数不应超过 5 000 个。常用的饮水消毒法有两种，即物理消毒法和化学消毒法。物理消毒法就是用煮沸的方法来杀灭水中的病原微生物。这种方法适用于用水量少的育雏阶段。化学消毒法就是在水中加入化学消毒剂消毒。临床上常见的饮水消毒剂多为氯制剂、碘制剂和复合季铵盐类等，但季铵化合物只适用于 14 周龄以下鸭饮用水的消毒，不能用于产蛋鸭，请按说明书的要求使用。需要注意的是，鸭免疫疫苗的前后各 2 天内禁止使用饮水消毒，以免影响疫苗接种的效果。

8. 带鸭消毒

带鸭消毒是集约化养鸭综合防疫的重要措施之一，也是净化鸭舍环境和防止疫病传播的主要手段，尤其是对那些隔离条件差、不同日龄的鸭群在同一鸭场饲养及各种疫病经常发生的老鸭场更为有效。进雏时，应在雏鸭进入鸭舍之前，在舍外将运雏箱进行全面消毒，防止把附着在箱上的病原微生物带入舍内。遇到禽流感等流行时，须揭开箱盖连同雏鸭一并用消毒剂 [苯扎溴铵（新洁尔灭）1 000 倍稀释液、10% 的癸甲溴铵溶液（百毒杀）600 倍稀释液、强力消毒王（主要成分为二氯异氰脲酸钠）1 000 倍稀释液、稳定性二氧化氯（益康）400 倍稀释液等]；消毒液用量以地面、墙壁、天花板均匀湿润和鸭体表微湿的程度为止，最好每 3~4 周更换一种消毒剂；喷雾时应将舍内温度比平时提高 3~4℃，冬季寒冷不要把鸭体喷得太湿进行喷雾消毒。进雏前一周，鸭舍和育雏器每天轻轻喷雾消毒 1~2 次。以后每周 1~2 次，育成期每周消毒 1 次，成鸭可 15~20 天消毒 1 次，发生疫情时可每天消毒 1 次。

9. 转群的消毒

接鸭转群所用的笼具、车辆等用具，均需喷洒消毒或火焰消毒后，方可继续使用。

10. 种蛋及孵化消毒

（1）种蛋消毒　种蛋在鸭舍收集后进行初选，在 30 分钟内放入消毒柜或熏蒸室进行消毒。每立方米用福尔马林 30 毫升，高锰酸钾 15 克熏蒸 30 分钟。熏蒸后送入种蛋库存放。

（2）孵化器和出雏器的消毒　孵化器和出雏器经冲洗干净后，用过氧乙酸喷洒消毒。出雏盒、蛋盘、蛋架等用次氯酸钠或新洁尔灭溶液浸泡或刷拭干净后，再用福尔马林熏蒸 1 小时。

11. 鸭粪的消毒

鸭粪中往往含有各种病原体，特别是在患传染病期间，鸭粪中含有大量的病原体和寄生虫卵，如不进行消毒处理，直接作为农田肥料，往往成为传染源，因此，对鸭粪必须进行严格消毒处理。常用的方法有：生物热消毒法（堆粪法）和化学消毒法（漂白粉、过氧乙酸和石灰乳）。

12. 病死鸭尸体的消毒

合理而安全地处理病死鸭，对于防止鸭场传染病发生和维护公共卫生都有重大意义。对病死鸭，可将其尸体进行掩埋（选择远离住宅、水源及道路的僻静地方）或者对尸体进行焚烧，以消灭病原。

四、提高消毒效果的措施

1. 正确选择消毒剂

市场上的消毒剂种类繁多，每一种消毒剂都有其优点及缺点，但没有一种消毒剂是十全十美的，介绍的广谱性也是相对的。所以，在选择消毒剂时，应充分了解各种消毒剂的特性和消毒的对象。

2. 制定并严格执行消毒计划

鸭场应制定消毒计划，按照消毒计划严格实施。消毒计划包括：计划（消毒方法、消毒时间次数、消毒场所和对象、消毒药物选择、配置和更换等）、执行（消毒对象的清洁卫生和清洁剂或消毒剂的使用）和控制（对消毒效果肉眼和微生物学的监测，以确定病原体的减少和杀灭情况）。

3. 消毒表面清洁

清除消毒表面的污物（尤其是有机物），是提高消毒效果最重要的一步，否则不论是何种消毒剂都会降低其消毒效力。消毒表面不清洁会阻止消毒剂与细菌的接触，使杀菌效力降低。例如鸡舍内有粪便、羽毛、饲料、蜘蛛网、污泥、脓液、油脂等存在时，常会降低所有消毒剂的效力。在许多情况下，表面的清洁甚至比消毒更重要。进行各种表面的清洗时，除了刷、刮、擦、扫外，还应用高压水冲洗，效果会更好，有利于有机物溶解与脱落。

在鸭场进行消毒时，不可避免地总会有些有机物存在。有机排泄物或分泌物存在时，所有消毒剂的作用都会人为减低甚至变成无效，其中以季铵、碘剂、甲醛所受影响较大"应为"其中以季铵、碘剂、甲醛所受影响较大，而石炭酸类与戊乙醛所受影响较小。有机物以粪尿、血、脓、伤口坏死组织、黏液和其他分泌物等最为常见。有机物影响消毒剂效果的原因：一是有机物能在菌体外形成一层保护膜，而使消毒剂无法直接作用于菌体。二是消毒剂可能与有机物形成不溶性化合物，而使消毒剂无法发挥其消毒作用。三是消毒剂可能与有机物进行化学反应，而其反应产物并不具有杀菌作用。四是有机悬浮液中的胶质颗粒状物可能吸附消毒剂粒子，而将大部分抗菌成分由消毒液中移除。五是脂肪可能会将消毒剂去活化。六是有机物可能引起消毒剂的 pH 变动，而使消毒剂不活化或效力低下。

所以在消毒鸭场的用具、器械等时，将欲消毒的用具、器械先清洗后才施用消毒剂是最基本的要求，而此可以借助清洁剂与消毒剂的合剂来完成。

4. 药物浓度应正确

这是决定消毒剂效力的首要因素，对黏度大的消毒剂在稀释时须搅拌成均匀的消毒液才行。药物浓度的表示方法有如下。

（1）使用量以稀释倍数表示　这是制造厂商依其药剂浓度计算所得的稀释倍数，表示 1 份的药剂以若干份的水来稀释而成，如稀释倍数为 1 000 倍时，即在每升水中添加 1 毫升药剂以配成消毒溶液。

（2）使用量以％表示　消毒剂浓度以％表示时，表示每 100 克溶液中溶解有若干克或毫升的有效成分药品（重量百分率），但实际应用时有几种不同表示方法。例如某消毒剂含 10% 某有效成分，可能该溶液 100 克中有 10 克消毒剂，也可能溶液 100 克中有 10 毫升消毒剂或可能溶液 100 毫升中有 10 毫升消毒剂。如果把含 10% 某有效成分的消毒剂配制成 2% 溶液时，则每升消毒溶液需 200 毫升消毒剂与 800 毫升水混合而成。其算法如下：

$X \times 10\%/1000$ 毫升 $=2/100$

则：$X=200$ 毫升

5. 药物的量充足

单位面积的药物使用量与消毒效果有很大的关系，因为消毒剂要发挥效力，须先使欲消毒表面充分浸湿，所以如果增加消毒剂浓度 2 倍，而将药液量减成 1/2 时，可能因物品无法充分湿润而不能达到消毒效果。通常鸭舍的水泥地面消毒 3.3 米^2 至少要 5 升的消毒液。

6. 接触时间充足

消毒时，至少应有 30 分钟的浸渍时间以确保消毒效果。有的人在消毒手时，用消毒液洗手后又立即用清水洗手，是起不到消毒效果的。在浸渍消毒鸭笼、蛋盘等器具时，不必浸渍 30 分钟，因在取出后至干燥前消毒作用仍在进行，所以浸渍约 20 秒即可。细菌与消毒剂接触时，不会立即被消灭。细菌的死亡，与接触时间、温度有关。消毒剂所须杀菌的时间，从数秒到几个小时不等，例如氧化剂作用快速、醛类则作用缓。检视在消毒作用的不同阶段的微生物存活数目，可以发现在单位时间内所杀死的细菌数目与存活细菌数目是常数关系，因此起初的杀菌速度非常快，但随着细菌数的减少杀菌速度逐步缓慢下来，以致到最后要完全杀死所有的菌体，必须要有足够的时间。此种现象在现场常会被忽略，因此必须要特别强调，消毒剂需要一段作用时间（通常指 24 小时）才能将微生物完全杀灭，另外，须注意的是许多灵敏消毒剂在液相时才能有最大的杀菌作用。

7. 保持一定的温度

消毒作用也是一种化学反应，因此加温可增进消毒杀菌率。若加化学制剂于热水或沸水中，则其杀菌力大增。大部分的消毒剂的消毒作用在温度上升时有显著的增进，尤其是戊乙醛类（卤素类的碘剂例外）。对许多常用的温和消毒剂而言，在接近冰点的温度是毫无作用的。在用甲醛气体熏蒸消毒时，如将室温提高到24°C以上，会得到较佳的消毒效果。但须注意的是真正重要的是消毒物表面的温度，而非空气的温度，常见的错误是在使用消毒剂前极短时间内进行室内加温，如此不足以提高水泥地面的温度。

8. 勿与其他消毒剂或杀虫剂等混合使用

把两种以上消毒剂或杀虫剂混合使用可能很方便，但却可能发生一些肉眼可见的沉淀、分离变化或肉眼见不到的变化，如pH的变化，而使消毒剂或杀虫剂失去其效力。但为了增大消毒药的杀菌范围，减少病原种类，可以选用几种消毒剂交替使用，使用一种消毒剂1~2周后再换另一种消毒剂，能起到一个互补作用，因为不同的消毒剂虽然介绍是广谱，但都有一定的局限性，不可能杀死所有的病原微生物。

9. 注意使用上的安全

许多消毒剂具有刺激性或腐蚀性，例如强酸性的碘剂、强碱性的石炭酸剂等，因此切勿在调配药液时用手直接去搅拌，或在进行器具消毒时直接用手去搓洗。如不慎沾到皮肤时应立即用水洗干净。使用毒性或刺激性较强的消毒剂，或喷雾消毒时应穿着防护衣服与戴防护眼镜、口罩、手套。有些磷制剂、甲苯酚、过氧乙酸等，具可燃性和爆炸性，因此应提防火灾和爆炸的发生。

10. 消毒后的废水须处理

消毒后的废水不能随意排放到河川或下水道，必须进行处理。

第四节　科学的免疫接种

一、疫苗种类及特点

疫苗是将病毒（或细菌）减弱或灭活，失去原有致病性而仍具有良好的抗原性用于预防传染病的一类生物制剂，接种动物后能产生主动免疫，产生特异性免疫力，包括细菌性疫苗和病毒性疫苗。

疫苗可分为活毒疫苗和死疫苗两大类。活毒苗多是弱毒苗，是由活病毒或细菌致弱后形成的。当其接种后进入鸭只体内可以繁殖或感染细胞，既能增加相应抗原量，又可延长和加强抗原刺激作用，具有产生免疫快，免疫效力好，免疫接种方法多，用量小且使用方便等优点，还可用于紧急预防。灭活苗是用强毒株病原微生物灭活后制成的，安全性好，不散毒，不受母源抗体影响，易保存，产生的免疫力时间长，适用于多毒株或多菌株制成多价苗。但需免疫注射，成本高。

二、常用疫苗的选择和使用

1. 雏鸭肝炎弱毒疫苗

（1）适用范围 本品用于预防雏鸭肝炎，采用雏鸭肝炎鸡胚化或鸭胚化弱毒株，接种12~14日龄鸭胚尿囊腔或9~10日龄鸡胚尿囊腔，收获48~96小时内死亡胚的尿囊液，加入5%蔗糖脱脂乳，经冷冻真空干燥制成。呈乳白色海绵状疏松团块，加稀释液后迅速溶解。

（2）用法 按瓶签注明剂量，加生理盐水或灭菌蒸馏水按1:100稀释，1日龄雏鸭皮下注射0.1毫升。也可用于种鸭免疫，在母鸭产蛋前10天，肌内注射0.5毫升，3~4个月后重复注射一次，可使雏鸭通过被动免疫，预防雏鸭肝炎。免疫期为1日龄雏鸭接种疫苗，免疫期约1个月；种鸭经疫苗接种后，可使其后代雏鸭获得坚强的免疫力。

（3）保存 在-15℃以下保存，有效期1年。

2. 鸭瘟鸡胚化弱毒疫苗

（1）适用范围 本品用于预防鸭瘟，是采用鸭瘟鸡胚化弱毒株接种鸡胚或鸡胚成纤维细胞，收获感染的鸡胚尿囊液、胚体及绒毛尿囊膜研磨或收获细胞培养液，加入适量保护剂，经冷冻真空干燥制成。

（2）用法 使用时按瓶签注明的剂量，加生理盐水或灭菌蒸馏水按1:200倍稀释，20日龄以上鸭肌内注射1毫升；5日龄雏鸭肌内注射0.2毫升（60日龄应加强免疫1次）。注射疫苗5~7天，即可产生免疫力，免疫期为6~9个月。

（3）保存 在-15℃以下保存，有效期为18个月。

3. 鸭瘟鸭病毒性肝炎二联疫苗

（1）适用范围　鸭瘟和鸭病毒性肝炎是严重危害养鸭业的两个重要传染病。本二联疫苗可以同时预防鸭瘟和鸭病毒性肝炎两种病，适用于1月龄以上鸭。

（2）用法　① 使用时按瓶签注明的剂量 100 羽、250 羽份装，则分别用稀释液 100 毫升、250 毫升稀释均匀，1 月龄鸭胸部或腿部皮下注射 1 毫升，鸭产蛋前进行第二次免疫。疾病流行严重地区可于55~60 周龄时再加强免疫 1 次。② 初免鸭瘟免疫期为 9 个月，鸭病毒性肝炎 5 个月；二免则均可达到 9 个月。③ 疫苗可用专门稀释液，如没有该稀释液则可以用无菌生理盐水或无菌蒸馏水、冷开水等代替。④ 疫苗稀释后 4 小时内用完，隔夜无效。

（3）保存　本苗存放在 −15℃以下有效期 1.5 年；0℃冻结状态下保存有效期 1 年；4~10℃保存有效期 6 个月；10~15℃保存有效期10 天。

4. 鸭腺病毒蜂胶复合佐剂灭活苗

（1）适用范围　鸭腺病毒是危害种鸭和产蛋鸭的一种严重传染病。发病时可以使产蛋率降低 50% 以上，导致严重的经济损失。本疫苗专门用于预防鸭腺病毒病。本品为淡绿色的混悬液，静置保存时底部有沉淀物。免疫注射后 5~8 天可产生免疫力。

（2）用法　用时注意振荡均匀。免疫程序为每羽鸭在产蛋前 2~4周龄皮下注射 0.5 毫升。

（3）保存　本苗存放在 10~25℃或常温下阴暗处有效期 1.5 年。

5. 鸭传染性浆膜炎灭活苗

（1）适用范围　本品用于预防由鸭疫里杆菌引起的雏鸭传染性浆膜炎，是采用抗原性良好的鸭疫里杆菌种接种于适宜培养基在 CO_2培养箱培养，经甲醛溶液灭活，加适当的乳油制成。本品为乳白色均匀乳剂，久置后发生少量白色沉淀，上层为乳白色液体。

（2）用法　雏鸭每羽胸部肌内注射 0.2~0.3 毫升，用前充分摇匀。免疫期为 3~6 个月。

（3）保存　放置在 8~25℃保存，勿冻结，有效期为 1 年。

6.鸭大肠杆菌疫苗

（1）适用范围　本苗是由鸭大肠杆菌引起的生殖器官病所分离的特定致病性血清型大肠杆菌和由鸭大肠杆菌引起的败血症分离得到的特定致病性血清型大肠杆菌研制而成，是一种灭活疫苗，静置保存时上清液清澈透明，底部有白色沉淀物。本苗用于后备种鸭及种鸭的免疫。鸭免疫后 10~14 天产生免疫力，免疫期 4~6 个月。免疫注射后种鸭无不良反应，免疫期间，种蛋的受精率高，种母鸭的产蛋率及孵化率均将提高 10%~40% 以上，雏鸭成活率明显提高。

（2）用法　使用本苗时，应注意振荡均匀。该苗的一个免疫剂量为每只鸭皮下注射 1 毫升。免疫程序为 5 周龄左右免疫注射 1 次，产蛋前 2~4 周免疫 1 次，必要时可于产蛋后 4~5 个月再免疫 1 次。

（3）保存　本苗存放在 10~25℃或常温下阴暗处有效期 12 个月。

（4）注意事项　按兽医常规消毒注射操作；本苗非常安全，注射后无任何反应，不影响产蛋等生产性能；抓鸭时，切忌动作粗暴而造成鸭体损伤、死亡或影响生产性能；如果鸭群正在发生其他疾病，则不能使用本苗。

7.鸭传染性浆膜炎（鸭疫里杆菌病）——雏鸭大肠杆菌病多价蜂胶复合佐剂二联灭活苗

（1）适用范围　鸭传染性浆膜炎（鸭疫里杆菌病）和雏鸭大肠杆菌败血症是危害小鸭的两个严重的传染病，而且常常有混合感染存在。本疫苗是由从患小鸭传染性浆膜炎分离到的特定血清型致病性鸭疫里杆菌和患雏鸭败血型大肠杆菌病分离到的特定血清型致病性大肠杆菌研制而成的一种多价蜂胶复合佐剂二联灭活苗，供预防小鸭传染性浆膜炎（鸭疫里杆菌病）和雏鸭大肠杆菌败血症专用，产品为淡绿色的混悬液，静置保存时底部有沉淀物。本苗产生免疫力时间快，免疫注射后 5~8 天可产生免疫力，雏鸭注射本苗可显著提高雏鸭存活率。

（2）用法　使用本苗时，注意振荡均匀。1~10 日龄雏鸭每羽皮下注射 0.5 毫升，本病流行严重地区可于 17~18 日龄再注射 1 次（0.5~1.0 毫升）；20 日龄以上鸭皮下注射 1 毫升。

（3）保存　本苗存放在 10~25℃或常温下阴暗处有效期 1.5 年。

8.鸭巴氏杆菌 A 型苗

（1）适用范围　本疫苗是将血清 A 型多杀性巴氏杆菌株，按照鸭群中各血清型分布的比例研制而成的专门用于预防鸭巴氏杆菌病的生物制剂。本品为淡褐色悬液，静置时底部有沉淀物，用时摇匀。

（2）用法　用时注意振荡均匀。一个免疫剂量为每羽皮下注射 2 毫升，如能分成 2 次注射（隔周 1 次）分别皮下注射 1 毫升则效果更好。免疫程序可采用 5~7 周龄免疫 1 次，产蛋前 2~4 周免疫 1 次，必要时可于产蛋后 4~5 个月再免疫 1 次。

（3）保存　本苗存放在 10~25℃或常温下阴暗处有效期 2 年。

9.禽霍乱弱毒菌苗

（1）适用范围　本菌苗用于预防家禽（鸡、鸭、鹅）的禽霍乱，是用禽巴氏杆菌 G190E40 弱毒株接种适合本苗的培养基培养，在培养物中加保护剂，经冷冻真空干燥制成。本品为褐色海绵状疏松团块，易与瓶壁脱离，加稀释液后迅速溶解成均匀混悬液。

（2）用法　按瓶签上注明的羽份，加入 20% 氢氧化铝胶生理盐水稀释并摇匀。3 月龄以上的鸭，每羽肌内注射 0.5 毫升。免疫期为 3~5 个月。

（3）保存　25℃以下保存，有效期 1 年。

（4）注意事项　病、弱鸭不宜注射，稀释后必须在 8 小时内用完。在此期间不能使用抗菌药物。

10.禽霍乱组织灭活苗

（1）适用范围　本苗用于预防禽霍乱，采用人工感染发病死亡的鸭等家禽的肝、脾等脏器，也可采用人工接种死亡的鸡胚、鸭胚的胚体，捣碎匀浆，加适量生理盐水，制成滤液，过滤后，经甲醛溶液灭活，置 37℃温箱作用制备而成。本品呈灰褐色液体，久置后稍有沉淀，注射前需摇匀。

（2）用法　2 月龄以上鸭，每羽肌内注射 2 毫升。免疫期 3 个月。

（3）保存　放置在 4~20℃常温保存，勿冻结，保存期 1 年。

三、提高免疫效果的措施

生产中鸭群接种了疫苗不一定能够产生足够的抗体来避免或阻止

疾病的发生，因为影响家禽的免疫效果因素很多。必须了解影响免疫效果的因素，有的放矢，提高免疫效果，避免和减少传染病的发生。

（一）注重疫苗的选择和使用

1. 疫苗要优质

疫苗是国家专业定点生物制品厂严格按照农业部颁发的生制品规程进行生产，且符合质量标准的特殊产品，其质量直接影响免疫效果。如使用非 SPF 动物生产、病毒或细菌的含量不足、冻干或密封不佳、油乳剂疫苗水分层、氢氧化铝佐剂颗粒过粗、生产过程污染、生产程序出现错误及随疫苗提供的稀释剂质量差等都会影响到免疫的效果。

2. 正确贮运疫苗

疫苗运输保存应有适宜的温度，如冻干苗要求低保存运输，保存期限不同要求温度不同，不同种类冻干苗对温度也有不同要求。灭活苗要低温保存，不能冻结。如果疫苗在运输或保管中因温度过高或反复冻融、油佐剂疫苗被冻结、保存温度过高或已超过有效期等都可使疫苗减效或失效。从疫苗产出到接种家禽的各个过程不能严格按规定进行，就会造成疫苗效价降低，甚至失效，影响免疫效果。

3. 科学选用疫苗

疫苗种类多，免疫同一疾病的疫苗也有多种，必须根据本地区、本场的具体情况选用疫苗，盲目选用疫苗就可能造成免疫效果不好，甚至诱发疫病。如果在未发生过某种传染病的地区（或鸭场）或未进行基础免疫幼龄鸭群使用强毒活苗可能引起发病。许多病原微生物有多个血清型、血清亚型或基因型。选择的疫苗毒株如与本场病原微生物存在太大差异时或不属于一个血清亚型，大多不能起到保护作用。存在强毒株或多个血清（亚）型时仍用常规疫苗，免疫效果不佳。

（二）考虑鸭体对疫苗的反应

鸭体是产生抗体的主体，动物肌体对接种抗原的免疫应答在一定程度上会受到遗传控制，同时其他因素会影响到抗体的生成，要提高免疫效果，必须注意鸭体对疫苗的反应。

1. 减少应激

应激因素不仅影响鸭的生长发育、健康和生产性能，而且对鸭的免疫机能也会产生一定影响。免疫过程中强烈应激原的出现常常导致不能达到最佳的免疫效果，使鸭群的平均抗体水平低于正常。如果环境过冷、过热、通风不良、湿度过大、拥挤、抓提转群、震动噪声、饲料突变、营养不良、疫病或其他外部刺激等应激源作用于家禽导致家禽神经、体液和内分泌失调，肾上腺皮质激素分泌增加、胆固醇减少和淋巴器官退化等，免疫应答差。

2.考虑母源抗体高低

母鸭抗体可保护雏鸭早期免受各种传染病的侵袭，但由于种种原因，如种蛋来自日龄、品种和免疫程序不同种鸡群。种鸭群的抗体水平低或不整齐，母源抗体的水平不同等，会干扰后天免疫，影响免疫效果。母源抗体过高时免疫，疫苗抗原会被母源抗体中和，不能产生免疫力；母源抗体过低时免疫，会产生一个免疫空白期，易受野毒感染而发病。

3.注意潜在感染

由于鸭群内已感染了病原微生物，未表现明显的临床症状，接种后激发鸡群发病，鸭群接种后需要一段才能产生比较可靠的免疫力，这段时间是一个潜在危险期，一旦有野毒入侵，就有可能导致疾病发生。

4.维持鸭群健康

群体质健壮，健康无病，对疫苗应答强，产生抗体水平高。如体质弱或处于疾病痊愈期进行免疫接种，疫苗应答弱，免疫效果差。肌体的组织屏障系统和黏膜破坏，也影响肌体免疫力。

5.避免免疫抑制

某些因素作用于肌体，损害鸡体的免疫器官，造成免疫系统的破坏和功能低下，影响正常免疫应答和抗体产生，形成免疫抑制。免疫抑制会影响体液免疫、细胞免疫和巨噬细胞的吞噬功能这三大免疫功能，从而造成免疫效果不良，甚至失效。免疫抑制的主要原因如下。

（1）传染性因素　如禽白血病病毒（ALV）感染导致淋巴样器官的萎缩和再生障碍，抗体应答下降。同时，B淋巴细胞成熟过程被中止，抑制性T淋巴细胞发育受阻；网状内皮组织增生症病毒（REV）感染禽，肌体的体液免疫和细胞应答常常降低。

（2）营养因素　日粮中的多种营养成分是维持家禽防御系统正常发育和机能健全的基础，免疫系统的建立和运行需要一部分的营养。肌体的免疫器官和免疫组织在抗原物质刺激下，产生抗体和致敏淋巴细胞。如果日粮营养成分不全面，采食量过少或发生疾病，使营养物质的摄取量不足，特别是维生素、微量元素和氨基酸供给不足，可导致免疫功能降低。缺硒时，动物巨噬细胞的吞噬能力和细胞免疫功能下降，并能抑制淋巴细胞的反应能力。铜、锰、镁、碘等缺乏都会导致免疫机能下降，影响抗体产生。另外，一些维生素和元素的过量也会影响免疫效果，甚至发生免疫抑制。

（3）药物因素　如饲料中长期添加氨基甙类抗生素会削弱免疫抗体的生成。大剂量的链霉素有抑制淋巴细胞转化的作用。新霉素气雾剂对家禽 ILV 的免疫有明显的抑制作用。庆大霉素和卡那霉素对 T、B 淋巴细胞的转化有明显的抑制作用。另外还有糖皮质类激素，有明显的免疫抑制作用，地塞米松可激发鸡法氏囊淋巴细胞死亡，减少淋巴细胞的产生。临床上使用剂量过大或长期使用，会造成难以觉察到的免疫抑制。

（4）有毒有害物质　重金属元素，如镉、铅、汞、砷等可增加肌体对病毒和细菌的易感性，一些微量元素的过量也可以导致免疫抑制。黄曲霉毒素可以使胸腺、法氏囊、脾脏萎缩，抑制禽体 IgG、IgA 的合成，导致免疫抑制，增加对 MDV、沙门氏菌、盲肠球虫的敏感性，增加死亡率。

（5）应激因素　应激状态下，免疫器官对抗原的应答能力降低，同时，肌体要调动一切力量来抵抗不良应激，使防御机能处于一种较弱的状态，这时接种疫苗就很难产生应有的坚强免疫力。

（三）正确的免疫操作

1. 合理安排免疫程序

安排免疫接种时要考虑疾病的流行季节，鸭对疾病敏感性，当地或本场疾病威胁，家禽品种或品系之间差异，母源抗体的影响，疫苗的联合或重复使用的影响及其他人为的因素、社会因素、地理环境和气候条件等因素，以保证免疫接种的效果。如当地流行严重的疾病没有列入免疫接种计划或没有进行确切免疫，在流行季节没有加强免疫就可能导致感染发病。

2. 确定恰当的接种途径

每一种疫苗均具有最佳接种途径，如随便改变可能会影响免疫效果，如禽流感疫苗注射、禽痘疫苗刺种效果较好，如果点眼滴鼻、注射、混饮等，效果差。资料显示，禽流感疫苗腿部内侧皮下注射方式免疫效果最好，颈部皮下注射方式免疫效果最差。

3. 正确稀释疫苗和免疫操作

（1）保持适宜的接种剂量　在一定限度内，抗体的产量随抗原的用量而增加，如果接种剂量（抗原量）不足，就不能有效刺激肌体产生足够的抗体。但接种剂量（抗原量）过多，超过一定的限度，抗体的形成反而受到抑制，这种现象称为"免疫麻痹"。所以，必须严格按照疫苗说明或兽医指导接种适量的疫苗。有些鸭场超剂量多次注射免疫，这样可能引起肌体的免疫麻痹，往往达不到预期的效果。

（2）科学安全的稀释疫苗　稀释疫苗绝对不能使用热水（水温在15℃以下），也不能置于阳光下暴晒，放在阴凉处，且在2小时内用完，必要时放在冰壶内保存。稀释疫苗时稀释液要适宜，避免过多或过少。

（3）准确的免疫操作　饮水免疫控水时间过长或过短，每只鸭饮水量不匀或不足（控水时间短，饮入的疫苗液少，疫苗液放的时间长而失效）。点眼滴鼻时放鸭过快，药液尚未完全吸入。采用气雾免疫时，因室温过高或风力过大，细小的雾滴迅速挥发，或喷雾免疫时未使用专用的喷雾免疫设备，造成雾滴过大过小，影响家禽的吸入量。注射免疫时剂量没调准确或注射过程中发生故障或其他原因，疫苗注入量不足或未注入体内等。

（4）保持免疫接种器具洁净　免疫器具如滴管、刺种针、注射器和接种人员消毒不严，带入野毒引起鸭群在免疫空白期内发病，所以要注意清洁消毒（如用消毒液消毒，消毒后要用清水冲洗干净）。免疫后的废弃疫苗和剩余疫苗未及时处理，在鸭舍内外长期存放也可引起鸭群感染发病。

4. 注意疫苗之间的干扰作用

严格地说，多种疫苗同时使用或在相近时间接种时，疫苗病毒之间可能会产生干扰作用。

5. 避免药物干扰

一些人在接种弱毒活菌苗期间，例如接种禽霍乱弱毒菌苗时使用抗生素，就会明显影响菌苗的免疫效果。

（四）保持良好的环境条件

如果禽场隔离条件差，卫生消毒不严格，病原污染严重等，都会影响免疫效果。如育雏舍在进鸡前清洁消毒不彻底，马立克病毒、法氏囊病毒等存在，这些病毒在育雏舍内滋生繁殖，就可能导致免疫效果差，发生马立克病和传染性法氏囊炎。大肠杆菌严重污染的禽场，卫生条件差，空气污浊，即使接种大肠杆菌疫苗，大肠杆菌病也还可能发生。所以，必须保持良好的环境卫生条件，以提高免疫接种的效果。

第五节　适当的药物预防

一、蛋鸭的用药特点

由于鸭的生理特点与其他动物不同。因此，要尽量避免套用家畜甚至人医的临床用药经验，而应根据鸭的生理特点选用药物。

1. 鸭的生理特点

鸭的某些生理特点与选用的药物有密切的关系。

① 鸭没有牙齿，舌黏膜的味觉乳头较少，所以鸭对苦味药照食不误。当鸭消化不良时，苦味健胃药不起作用，所以不宜使用苦味健胃药，而应当选用大蒜、醋酸等助消化的药物。

② 鸭一般无逆呕动作，所以当鸭服药过多或其他毒物中毒时，不能采用催吐药物，而应采用嗉囊切开术排除毒物，疗效较佳。

③ 鸭对咸味无鉴别能力，因此食盐在饲料中的含量一定不能很高。

④ 鸭的呼吸系统中，具有其他动物所没有的气囊，它能增加肺通气量，在吸气、呼气时增强肺的气体交换。同时，鸭的肺不像哺乳动物的肺那样扩张和收缩，而是气体经过肺运行，并循肺内管道进出

气囊。鸭呼吸系统的这种结构特点，可促进药物增大扩散面积，从而增加药物的吸收量，故喷雾法是适用于鸭的有效给药途径之一。

⑤ 鸭无汗腺，又有丰富的羽毛，对高热十分敏感，在夏季宜使用抗热应激药物。

⑥ 鸭的胆汁呈酸性，与胃内酸性内容物一起中和了碱性的胰液和肠液，使肠内 pH 保持在 6 左右。

⑦ 鸭的蛋白质代谢产物。为尿酸，故尿液的 pH 与家畜亦有明显的区别，一般 pH 值为 5.3，在使用磺胺类药物时，应考虑鸭尿液的 pH 值，以防尿酸盐在肾脏沉积或发生肾衰竭。

此外，肉鸭的生长期短，只有 40~50 天，大群用药时，应注意药物的残留问题，为此，要根据各种药物的特性，制定必要的停药时间。

2. 鸭对药物的敏感性

鸭对某些药物有很高的敏感性，应用时必须慎重。如雏鸭对磺胺类药物特别敏感，以 0.5% 浓度混饲 7 天，就会引起雏鸭脾脏贫血、坏死；鸭对氯化钠、美曲膦酯（敌百虫）等也很敏感，因此在使用上述药物时应特别小心，防止中毒。

二、药物的选择及合理用药

1. 药物的选择

治疗某种疾病，常有数种药物可以选择，但究竟选用哪一种最为恰当，可根据以下几个方面考虑决定。

（1）疗效好　为了尽快治愈疾病，应选择疗效好、对病原微生物敏感的药物。

（2）不良反应小　有的药物疗效虽好，但毒副作用较大，选药时不得不放弃，而改用疗效稍差、但毒副作用较小的药物。

（3）价廉易得　为了增加经济效益，减少药物费用支出，就必须精打细算，选择那些疗效确实又价廉易得的药物。

2. 用药注意事项

（1）要对症下药　每一种药物都有它的适应证，在用药时一定要对症下药，切忌滥用。

（2）选用最佳给药方法　同一种药，同一剂量，产生的药效也不尽相同。因此，在用药时必须根据病情的轻重缓急、用药目的及药物本身的性质来确定最佳给药方法。如危重病例采用静脉注射或肌内注射；治疗肠道感染或驱虫时，宜口服给药。

（3）注意剂量、给药次数和疗程　为了达到预计的治疗效果减少不良反应，用药剂量要准确，并按规定时间和次数给药。少数药物一次给药即可达到治疗目的，如驱虫药。但对多数药物来说，必须重复给药才能奏效。为维持药物在体内的有效浓度，获得疗效，而同时又不致出现毒性反应，就要注意给药次数和间隔时间。

（4）合理地联合用药　两种以上药物同时使用时，可以互不影响，但在许多情况下，两药合用总有一药或两药的作用受到影响，其结果可能是：比预期的作用更强，即协同作用；减弱一药或两药的作用，即拮抗作用；产生意外中毒性反应。在联合用药时，应尽量利用协同作用以提高疗效，避免出现拮抗作用或产生毒性反应。

（5）注意药物配伍　为了提高药效，常将两种以上的药物配伍使用。但配伍不当，则可能出现疗效减弱或毒性增加的变化。这种配伍变化，称为配伍禁忌，必须避免。

（6）注意对生产性能影响和残留　雏鸭各种器官发育尚不健全，抵抗力低，投药时应选择广谱、高效、低毒的抗菌药。如氟喹诺酮类药物对雏鸭的负重关节会造成损害，小鸭应慎用氟喹诺酮类药物；有些药物影响生殖系统发育，蛋鸭尽量少用和不用；许多药物对产蛋有不良的影响，如磺胺类药物、硫酸链霉素都能使蛋鸭血钙水平下降，产蛋率下降，蛋质变差。拟胆碱药如新斯的明、卡巴胆碱和巴比妥类药物都能影响子宫的机能而使产蛋提前，造成产蛋周期异常、蛋壳变薄、下软壳蛋等。因此在对鸭投药前要充分考虑选择既不影响生产性能又无药物残留的药物。

三、蛋鸭药物保健方案

标准化规模鸭场应该注重定期的药物保健，只有全群蛋鸭的免疫抗病力提升了才能保证正常的产蛋，产优质蛋。蛋鸭药物保健方案见表4-3。

表 4-3　蛋鸭药物保健方案

日龄	疾病	方案
1~6 日龄	防治鸭沙门氏杆菌、葡萄球菌感染	入舍后饮 5% 葡萄糖 + 维生素 C（10 克 / 100 千克）水，并在水中加入 0.005% 恩诺沙星，连用 3 天；然后饮用阿莫西林（0.2 克 / 升）3 天或庆大霉素 2 万 ~ 4 万单位 / 升饮水
7~12 日龄	大肠杆菌病及鸭伤寒等	注射鸭病毒性肝炎疫苗。头孢噻呋钠或恩诺沙星
13~50 日龄	鸭浆膜炎、大肠杆菌、鸭支原体病、流感、鸭瘟等病	做好免疫。每隔 3~5 天，即用黄芪多糖 + 氟苯尼考（也可用一些抗菌、抗病毒西药）连用 3 天。肠道病使用硫酸新霉素、林可霉素等治疗；呼吸道病用酒石酸泰乐菌素、强力霉素等治疗
51~120 日龄	同上	做好免疫。每隔 10 天，用黄芪多糖 + 氟苯尼考（也可用一些抗菌药）连用 3 天。其他同上
开产前	预防生殖系统疾病	用阿莫西林，连用 3 天，以上
120 日龄以后	预防鸭输卵管炎	① 每月用黄芪多糖 4~5 天，以提高抗病力，防止发病。② 每月定期预防输卵管炎一次，使用抗菌药，如阿莫西林或头孢噻呋钠，连用 3 天。③ 鸭输卵管炎，大肠杆菌病，鸭霍乱，鸭流感，鸭产蛋下降综合征等。④ 发现产蛋下降、产软皮蛋、沙皮蛋、蛋小、异形蛋等，首先要分析病因，有生殖系统疾病时，用阿莫西林。有病毒病时，可使用抗病毒中药，配合抗生素使用，没有疾病症状时，可用黄芪多糖配合阿莫西林应用。一般 5~6 天可提高肌体免疫力和预防输卵管炎

技能训练

常用消毒药物的配制。

【**目的要求**】掌握蛋鸭场常用消毒药物的配制方法。

【**训练条件**】量杯或量筒、玻璃棒、研钵、粗天平、50%煤酚皂溶液（来苏儿）、生石灰、40%甲醛溶液（福尔马林）、氢氧化钠（苛性钠）、水等。

【**操作方法**】

1.5%来苏儿溶液配制法。

取来苏儿5份，加清水95份（最好用50~60℃热水配制），混合均匀即成。

2.石灰乳配制法

1千克生石灰，加5千克水，即为20%石灰乳。配制时，最好用陶缸或木桶、木盆。首先，把等量水缓慢加入石灰内，稍停，石灰变为粉状时，再加入余下的水，搅匀即可。

3.福尔马林溶液配制法

福尔马林为40%甲醛溶液（市售商品）。取10毫升福尔马林，加90毫升水，即成10%福尔马林溶液。如需其他浓度的溶液，同样按比例加入福尔马林及水。

4.粗制氢氧化钠溶液

称取一定量的氢氧化钠（苛性钠）加入清水中（最好用60~70℃热水）搅匀溶解。如配4%氢氧化钠溶液，则取40克氢氧化钠，加1 000毫升水即成。

【**考核标准**】

1.准备充分，物品摆放整齐有序。

2.操作细心、规范，称量准确。

3.能准确说出各种消毒药物的作用。

思考与练习

1.蛋鸭场环境控制的基本要求是什么呢？

2.蛋鸭对温度、湿度、光照都有哪些具体的要求？

3.鸭场隔离卫生管理应着重注意哪些方面？

4.如何正确对鸭舍进行有效消毒?

5.根据你所服务的蛋鸭场所处地区疫病流行情况和本场实际,拟定一个合适的免疫程序。

参考文献

[1] 姜加华.无公害鸭标准化生产 [M].北京：中国农业出版社，2006.

[2] 杜文兴.鸭无公害饲养综合技术 [M].北京：中国农业出版社，2003.

[3] 陈烈.蛋鸭高效养殖技术 [M].北京：中国农业出版社，1999.

[4] 魏刚才.蛋鸭安全高效生产技术 [M].北京：化学工业出版社，2012.

[5] 梁振华.蛋鸭养殖实用技术 [M].武汉：武汉工业大学出版社，2010.

[6] 程安春.养鸭与鸭病防治 [M].北京：中国农业大学出版社，2000.